成功法则

池淑伟 ◎ 编著

吉林出版集团股份有限公司 | 全国百佳图书出版单位

版权所有　侵权必究

图书在版编目（CIP）数据

　成功法则 / 池淑伟编著. -- 长春：吉林出版集团股份有限公司, 2019.10
　ISBN 978-7-5581-7213-7

　Ⅰ.①成… Ⅱ.①池… Ⅲ.①成功心理–通俗读物
Ⅳ.① B848.4-49

　中国版本图书馆 CIP 数据核字（2019）第 207500 号

CHENGGONG FAZE
成功法则

编　　著：	池淑伟
出版策划：	孙　昶
项目统筹：	郝秋月
责任编辑：	刘晓敏
装帧设计：	韩立强
出　　版：	吉林出版集团股份有限公司
	（长春市福祉大路 5788 号，邮政编码：130118）
发　　行：	吉林出版集团译文图书经营有限公司
	（http://shop34896900.taobao.com）
电　　话：	总编办 0431-81629909　营销部 0431-81629880 / 81629881
印　　刷：	天津海德伟业印务有限公司
开　　本：	880mm×1230mm　1 / 32
印　　张：	6
字　　数：	200 千字
版　　次：	2019 年 10 月第 1 版
印　　次：	2019 年 10 月第 1 次印刷
书　　号：	ISBN 978-7-5581-7213-7
定　　价：	32.00 元

印装错误请与承印厂联系　　电话：022-82638777

前　言

人可以脆弱，但绝不能懦弱。生命是一次次蜕变的过程，唯有经历各种磨难，才能增加生命的厚度。面对痛苦，我们要放弃自怜自艾，做生活的勇者；停止自暴自弃，做人生的强者。

我们想要成长，就必须付出代价。经历得多了，成熟了，就会找到最好的自己。或许我们不是十全十美的，但我们可以使自己变得更好。

意志可决定一个人选择什么样的路，怎样走路，走向哪里。坚强的意志是我们成就一番事业的核心力量。诚信是一种重要的品德，"德才兼备，以德为先"就是要把德的因素放在首位。言而有信，做诚信的人，以诚信对待同事，以诚信对待事业，不断提高自己的精神境界和道德素养，做一个有责任感、对历史负责的人，这就是大智慧者。

如果我们不肯言败，就没有人能打败我们。人世间的事就是如此，这个世界的规则也是如此。任何时候都要记住：做永不言败的自己，人生只有一次，不要辜负了自己。或许，阅读本书，你会从中获得启迪。

目 录

法则一　执着的信念力

- 成功需要梦想、激情和努力 …………………………… 2
- 拥有必胜的信念 …………………………………………… 8
- 变"不可能"为"可能" ………………………………… 12
- 永远不甘于命运的摆布 ………………………………… 16
- 要学会绝地反击 ………………………………………… 18
- 没有比成功更能导致成功 ……………………………… 21
- 思考决定行动的方向 …………………………………… 23

法则二　强大的担当力

- 你必须负起责任 ………………………………………… 28
- 决不推卸责任 …………………………………………… 30
- 做一个勇于承担责任的人 ……………………………… 32
- 将责任根植于内心 ……………………………………… 35
- 责任心可以为你赢得尊重 ……………………………… 38
- 勇于承认错误是一种智慧 ……………………………… 41

好情绪是成功的开始 …………………………………… 44

法则三　可贵的忠诚力

对团队足够忠诚 …………………………………………… 52
忠诚是一种生存技能 ……………………………………… 55
做好忠诚修炼 ……………………………………………… 60
带着积极负责的态度去工作 ……………………………… 63
忠诚是你的"私有财产" ………………………………… 66

法则四　坚定的目标感

养成勤奋的习惯 …………………………………………… 72
长远的目标和专注的精神 ………………………………… 78
坚韧不拔的斗志 …………………………………………… 82
永远不要绝望 ……………………………………………… 85
时刻保持危机意识 ………………………………………… 88

法则五　超强的团结力

在竞争中依靠合作取胜 …………………………………… 92
以确保集体利益为首要目标 ……………………………… 96
帮助他人，强大自己 ……………………………………… 98
敞开胸怀拥抱畏友 ………………………………………… 101

法则六　惊人的适应力

不要诅咒，去战斗！ ……………………………………… 104

失败不是结局，而是过程……………………… 107
在逆境中磨炼意志………………………………… 111
忍耐是成功的第一要素…………………………… 114
弃卒保车…………………………………………… 118

法则七　缜密的思考力

计划周密才能稳操胜券…………………………… 122
成功者以智谋取胜………………………………… 125
细节决定成败……………………………………… 128
谨慎是把双刃剑…………………………………… 132
冲动是做人的大忌………………………………… 134

法则八　惊人的忍耐力

忍让搬弄是非者毫无意义………………………… 136
有智慧的忍辱是有所忍，有所不忍……………… 139
忍无可忍，不做沉默的羔羊……………………… 142
忍一时风平浪静，忍一世一事无成……………… 145
不必委曲求全，不必睚眦必报…………………… 148
包容不是姑息迁就………………………………… 150
自信满满，让自己底气十足……………………… 153

法则九　超强的沟通力

社交需要开口讲话………………………………… 158
口才在社交活动中的作用………………………… 161

成功法则

认识自己的口才水平……………………………………166
以"利"服人，钓鱼必须知道鱼吃什么………………168
心理胁迫术：刚柔相济，劝诫更有效…………………173
换个角度说话让对方心悦诚服…………………………177
获取认同感，轻松提请求………………………………182

法则一

执着的信念力

成功法则

成功需要梦想、激情和努力

　　一个人没有了热情和激情是可怕的，会如行尸走肉一般过了一天又一天，等到暮年才悔悟。

　　有人说人生如戏，要学会珍惜。就像《喜剧之王》中的尹天仇，他什么都没有，只有演戏的激情，以及他十分珍惜的演员称号。在他看来，跑龙套也是演员。确实如此，一个人无论多么卑微，在舞台上扮演多么可怜的角色，那都是自己，都是演员。

　　我们很羡慕别人拥有财富，我们经常把自己看成穷人。其实我们并不穷，我们有知识、有理想、有文化。真正有理想的人是永远都不会被困住的，困境只不过是茧，总有一天，自己会破茧而出，成为一只美丽的蝴蝶。而在与困境的斗争中，我们锻炼了自己的能力，锻炼了自己的才干，生出强有力的翅膀。无论我们处在如何不起眼的位置，永远要相信自己是人生的主角，只有保持这样一种姿态和心态，才能够最后取得成功。

　　作为戏中的唯一主角，任何时候都不能自暴自弃。自暴自弃意味着人生这场戏已经提前结束。自暴自弃或许能够得到一时的心理解脱，但是从长远来看，绝对是有百害而无一利的。无论在生活中受到怎样的打击，我们都要坚信打击能够促使自己更快地成长，它并不是负担，也不是让我们消沉的理由。有些人一受到打击就消沉，这实际上是给自己找个借口，以图一时的安逸。受到的打击不应该成为我们的借口，而应该成为我们成长的食粮。有些人过了25岁就没有了理想，可能是因为习惯了生活。生活是平淡的，但并不允许我们平庸。能取得成功的人一定不会在平淡生活中沉沦，他们有信心、有毅力，即使没有观众，他们也专心地扮演着自己的角色。历史上有成就的人往往都是孤独的，他们从来就不沉沦，即使看不到前途，他们也会专心做自己的事情，正是这种坚持不懈让他们取得了最后的成功。

作为演员，我们要做的事情很多。我们要确定自己所要扮演的角色，我们要规划自己的人生目标，我们要确定自己的人生方向。我们不能浑浑噩噩地站在舞台上，茫然不知所措。我们要用有限的时间尽可能地展现自己的风采，赢得人们的喝彩。我们要学会按照自己的意愿来做人做事，不要一味看别人脸色。我们要知道珍惜，不要再错过，已经错过的，就让它过去，不要再恋恋不舍。我们要学会把自己一生的时间用于最想做的事情。我们不要再为没有财富而苦恼，当然我们也不能放弃追求财富的种种努力。我们要学会做一个有主见、有思想、有方向的人，而不要做一个随波逐流、人云亦云的人。我们要成为成功者，成功重要的是过程，而不是结果。同时，我们的成功和别人的不一样，是别人无法取得的。不要花时间去嫉妒和谈论别人，要用更多的时间努力演出，努力付出，只有这样，才能演好人生这部戏。

需要特别强调的是，无论在任何时候我们都要充满激情和

热情，努力在生活中找到更适合自己的目标，并且朝着目标不停地前进。我们对自己也不要过于苛求，不要拼命地去奔跑而忘记了路上的风景，即使最后看来，人生这场戏演得并不完美，自己还可以发挥得更好，也不会因为只顾着去演戏而忘记了去好好地享受生活。

英国人威廉·菲利浦年轻时是一个牧羊人，生活比较清苦。但是，威廉那颗永不安定的心时时提醒他：眼前的生活不是他想要的。

威廉立志成为一名航海家，去周游世界。他决定放弃目前的工作和生活，打算先从一名搏击风浪的海员做起。决定一经做出，立刻招致家人强烈的反对。可是，威廉却下定决心，他要挑战命运，要让上帝震惊。

为了实现自己的理想，威廉开始利用一切闲暇时间刻苦攻读，钻研技术。经过别人的悉心指点和自己的勤奋努力，他的技术日渐娴熟。

后来，在波士顿，他邂逅了一个有些家产的小寡妇并坠入了爱河。成家后，威廉用自己的双手围起了一个小院子，开始造船，经过几个月的艰苦劳动，船终于下水了。

一天，威廉正在街上闲逛时，无意中听说一只载有大量金银珠宝的西班牙船只在巴哈马失事了。这一消息极大地刺激了他的冒险欲望，他立刻与一个可靠的伙计驾船前往巴哈马。他们发现了这只船，打捞了许多货物，但是钱财很少。尽管如此，这次经历使他干事业的胆量和信心大大增强了，这才是他获得的真正财富。后来，有人告诉他，半个多世纪以前，有一只满载金银财宝的船在普拉塔这个地方遇难沉没，威廉当即决定打

法则一　执着的信念力

捞这些稀世珍宝。

在英国政府的帮助下,威廉率船安全抵达黑斯盘尼亚那海岸,开始了艰苦的搜寻工作。可是,几周过去了,除了打捞上来不少海藻、卵石和碎片外,他们一无所获。失望的情绪开始在海员中蔓延,他们低声抱怨威廉无聊又盲目。

终于一些海员的怨恨白热化了,他们酝酿了可怕的阴谋,准备将这只船扣留,把威廉扔进海里喂鱼,然后在南海一带进行海盗式巡游,随时袭击西班牙人。可是,这个计划被木工泄露了,威廉立即集合了自己的亲信,用武器和勇气控制了局面,平定了叛乱。由于船只在这次叛乱中受损,威廉不得不暂时放弃打捞计划,将船送回英国修理。

回到英国后,威廉立即着手筹集资金,准备再次远航。可是因为政府正面临各种危机,已无暇顾及威廉的淘金计划。威廉别无他策,只好靠募捐来收集必需的钱财,这招致了很多人的嘲笑,他们称他是高级的要饭花子,但是威廉不予理睬,他软磨硬泡,终于有了启动资金。在长达4年之中,他不厌其烦地向有影响力的大人物宣讲自己的伟大计划,劝说他们资助,他终于成功了,由20个股东组成的公司成立了。

有了充足的资金和丰富的经验,又一次充满激情而又冒险的远航开始了。

也许是威廉的精神感动了上帝,这次远航终于有了圆满的结果。威廉打捞上来的珠宝价值30万英镑,这可不是一笔小数目。威廉带着这批珍宝起程回国,国王赏赐给威廉2万英镑,同时,为了嘉奖威廉勇敢的行为和诚信的品格,国王授予他爵士的光荣称号,并任命他为新英格兰郡长。

纵观威廉传奇的一生，正是激情改变了他的命运。如果没有这种激情和血性，威廉也许还是个牧羊人，生命对他来说，只不过是平淡无奇的虚耗。

人生的路上有一个个加油站，它们并不是固定的，地图上也找不到，需要你靠自己的力量去发现，而每找到一座加油站，你就可以给自己加油了，加的当然是激情。可以说，任何事情要想做成功，都需要激情作为动力。

为什么郁闷无聊成了我们的口头禅，因为我们缺少激情，生活、学习、工作，这些都让我们喘不上气，整天忙忙碌碌，疲于奔命。这样有意思吗？

有一次，美国一位部长问比尔·盖茨："我在微软参观时，看到每一个员工都非常努力，非常快乐。你们是如何创造这样的企业文化的？"比尔·盖茨回答："我们雇用员工的前提是，这个员工对软件开发是有激情的。"这是微软成功的必要前提。

激情总与梦想相伴，高昂的激情来自发自内心的兴趣。在工作中培养激情，在激情中愉快工作，提高的不仅仅是工作质量，还有人生的境界，做人的价值。激情的工作成就着我们的事业，而激情的人生将使我们获得成功。如果说激情是"火焰"的话，那么，兴趣就是点燃激情的"火种"。因为追求自己的兴趣而充满激情，因为激情而享受快乐！一个人有了兴趣，就能激发潜力，就可能不断获得成功，就可能达到卓越的境界。反之，如果做自己没有兴趣的事，只会事倍功半，还很有可能一事无成。

如何培养激情呢？其要点有三：一、选你所爱——不必太在意别人或社会是否看重，如但丁所说，"走自己的路，让别

法则一　执着的信念力

人去说吧！"二、爱你所选——当你没有选择或不容易改变现状时，"爱你所选"的尝试加上积极乐观的态度，会帮你找到光明之路；三、忠于兴趣——一旦培养了自己的兴趣，就一定要珍惜并全力以赴，勇敢执着地坚持下去，一定会有所收获。

成功法则

拥有必胜的信念

《狼图腾》里描写了这样的一个场景：在一个风雪交加的夜晚，群狼和马群在一个沼泽处展开了殊死的搏斗，最后，狼群取得了胜利。马群之所以失败，其实并非因为它们没有战斗力，而是因为对手取胜的信念太强烈了。狼的这种必胜信念来源于它们对生命的热情，它们知道，一旦生命丧失了热情，就如同一把火炬快要结束燃烧。热情，让狼变得更加勇猛。

信念是一种心理动能。就其产生过程来讲，信念是指人们对基本需要与愿望强烈的坚定不移的思想情感意识。

在无垠的沙漠上，一支探险队在负重跋涉。阳光很强烈。风沙漫天飞舞，而口渴如焚的队员们没有了水。

这时候，探险队队长从腰间拿出一只水壶，说这里还有一壶水，但穿越沙漠前，谁也不能喝。

那壶水从队员们手里依次传开，一种幸福和喜悦洋溢在每个队员濒临绝望的脸上。终于，探险队员们一步步迈过了死亡线，顽强地穿越了茫茫沙漠。他们为成功喜极而泣的时候，突然想起了那壶给了他们精神和信念支撑的水。

拧开壶盖，汩汩流出的却是满满一壶沙。在沙漠里，干燥的沙子有时候可以是清洌的水——只要你的心里拥有清泉的信念。

是什么使他们迈过了死亡线？是信念——一壶水的信念，使他们走出了沙漠。没有这份坚定的信念，他们很可能陆续在沙漠中倒下，与风沙永远结伴！

信念是沙漠中旅人的清泉，是我们呼吸的空气，是我们心中的太阳。信念坚定的人，无怨无悔地工作，尽心尽力地奋斗，克服前进道路上的坎坷与荆棘，取得辉煌的成就。

愚公的信念是平掉屋前的两座高山，于是他带领子孙，挖山不止，最终感动了天帝。爱迪生怀着发明电灯的信念，先后找了1600种耐热材料，反复试验近2000次，终于制作出世界上第一盏电灯。中国女排运动员们怀着获取世界冠军的信念，刻苦训练，顽强拼搏，勇夺"五连冠"殊荣。

如果把人生比之为杠杆，信念就好像是它的"支点"。具备了这恰当的支点，就能成为一个强有力的人。

罗杰·罗尔斯是纽约历史上第一位黑人州长。他出生在声名狼藉的大沙头贫民窟。在这儿出生的孩子，长大后很少有人能获得体面的职业。然而罗杰·罗尔斯是个例外，他不仅考入了大学，而且成了州长。在他的就职记者招待会上，罗尔斯对自己的奋斗史只字不提，他仅说了一个非常陌生的名字——皮尔·保罗。后来，人们才知道，皮尔·保罗是他小学的一位校长。

1961年，皮尔·保罗被聘为诺必塔小学的董事兼校长。当时正值美国嬉皮士文化极受推崇的时代。他走进大沙头诺必塔小学的时候，发现这儿的穷孩子比"迷惘的一代"还要无所事事，他们旷课斗殴，甚至砸烂教室的黑板。当罗尔斯从窗台上

成功法则

跳下,伸着小手走向讲台时,校长对他说:"我一看你修长的小拇指就知道,将来你会成为纽约州的州长。"

当时罗尔斯大吃一惊,因为长这么大,只有他奶奶让他振奋过一次,说他可以成为5吨重的小船的船长。这一次皮尔·保罗竟然说他可以成为纽约州的州长,着实出乎他的意料,他记下了这句话,并且相信了它。

从那天起,纽约州州长就像一面旗帜。他的衣服不再沾满泥土,他说话时也不再夹杂着污言秽语,他开始挺直腰杆走路,他成了班主席。在以后的40多年间,他没有一天不按州长的身份要求自己。51岁那年,他真的成了州长。

在他的就职演说中,有这么一段话,他说:"在这个世界上,信念这种东西,每个人都可以免费获得,所有成功者最初都是从一个小小的信念开始的。"

当然,信念不是盲目的痴人说梦。相信凡是使用过电脑的人都对"微软"这家公司不会陌生,然而大多数的人只知道它的创始人之一—比尔·盖茨是个天才,却不知道他为了实现自己的信念而孤独地走在奋斗的路上。

当时盖茨发现,在墨西哥州阿布凯基市有家公司正在研究发展一种称之为"个人电脑"的东西,可是它得用BASIC语言编写程序来驱动,于是他便开始编写程序并决心完成这件事,即使他并无前例可循。盖茨有个很大的长处,就是一旦他想做什么事,就必须给自己找出一条路来。在短短的几个星期里盖茨和另外一个搭档竭尽全力,终于编出了一套程序。

盖茨的这番成就引发一连串的改变,30岁的时候他就成为一名家财亿万的富翁。的确,信念能够发挥无比的威力。

信念的力量无疑是巨大的，它能予以人希望和动力，让人始终朝自己所追求的方向前进，并且永不停止或回头，直至到达目的地。当苏武被流放到北海时，那里的生活条件、气候条件都非常艰苦。天下雪，苏武就躺在地窖里嚼着雪和毡毛一同吞下去。很多时候他只得挖野鼠储藏在穴中的野果来吃。别人看到他没死，都以为他是神。当匈奴单于想要给他锦衣玉食时，他断然拒绝。他不追求荣华富贵，功名利禄，因为他知道，他所要报效的朝廷不是在这里。他被扣留在匈奴共19年，当初是在身强力壮的情况下出使的，等到回来时胡须和头发都白了，俨然成为一个瘦弱的老人，但他绝不后悔自己的选择。他靠的是什么？靠的就是坚定的信念！一个人一旦失去了信念，那么"哀莫大于心死"，生活的意思便不复存在。

坚定自己的信念，你就会收获丰富，得到成功。所以继续追求你所追求的，不要放弃，因为信念会给你力量。

成功法则

变"不可能"为"可能"

要想成大事，必须具备一定的勇气，因为只有有了勇气，你才能充满信心地面对一切、挑战一切，在遭受苦难和挫折时，不会畏惧，也不会逃避。

威廉·波音曾经是一个经销木材和家具的普通商人。他在观看了一场飞机特技表演后，迷上了飞机。于是，他决定前往洛杉矶学习飞行技术。

但是，他买不起飞机，他的年龄也限制了他成为飞行员的可能，学会驾机技术有什么用呢？看来，要满足驾机遨游长空的愿望，只能自己制造飞机。波音冒出了如此大胆的想法。

通过学习，波音逐步地了解了飞机的结构和性能。有了一定的准备之后，他开始找人合作，共同制造飞机。

那时候，他们不但没有工厂，甚至连一个受过专门训练的制造工人也找不到。波音只好动员他那家木材公司的木匠、家具师和仅有的三名钳工进行组装——这简直如同儿戏，飞机能在这样的情况下制造出来吗？

但令人不可思议的是，他们真的将飞机制造出来了。这是一架水上飞机，波音亲自驾着它进行试飞，并且取得了成功。

波音的信心高涨，他索性将木材公司改成飞机制造公司，

法则一 执着的信念力

专心研制飞机。时至今日,全世界每天有数千架波音公司生产的飞机在天空飞行,谁能想到波音公司起步之初的状况呢!

威廉·波音的故事告诉我们:对于很多我们"不可能"做到的事,只要我们把关注的焦点放在"如何去做",而不是想着"这是办不到的",就有可能做到。

威廉·波音在晚年时,曾对采访他的一个年轻记者说:"毫无惧色地面对每一次考验,你会得到力量、经验与信心……"当我们面对一些似乎不可逾越的障碍时,只要我们有勇气向它们挑战,我们的信心就会产生,就会变得无比坚定。

"不可能"先生死了,信心才能产生。唐娜是一位即将退休的美国小学老师,一天她要求班上的学生和她一起在纸上认真填写自己认为"不可能"的事情。每个人都在纸上写下他们认为自己不可能做成的事,诸如"我不可能做十次仰卧起坐""我不可能吃一块饼干就停止"。唐娜则写下:"我不可能让约翰的母亲来参加母子会。""我不可能让黛比喜欢我。""我不可能不用体罚就管教好亚伦。"然后大家将纸张投入了一个空盒内,将盒子埋在了运动场的一个角落里。唐娜为这个埋葬仪式致辞:"各位朋友,今天很荣幸能邀请各位来参加'不可能先生'的葬礼。他在世的时候,参与我们的生命,甚至比任何人对我们的影响都深。……现在,希望'不可能'先生平静地安息……希望他的兄弟姊妹'应该能''一定能'继承他的事业——虽然他们不如"不可能"先生有名,有影响力。愿'不可能'先生安息,也希望他的死能鼓励更多人站起来,向前迈进。阿门!"

之后,唐娜将'不可能'纸墓碑挂在教室中,每当有学生

成功法则

无意说出"不可能……"这句话时,她便指向这个象征死亡的标志,孩子们就立刻想起"不可能"已经死了,进而想出积极的解决方法。唐娜对孩子们的训练,实际上是我们每个人必修的功课。如果我们经常有意无意地暗示自己"不可能",那么,这种坏的信念就会摧毁我们的一切,而"应该能""一定能"等积极的暗示,则可以调动起我们积极的潜意识,使我们踏上成功之路。

时代潮流涌动,强者往往独立潮头,让我们羡慕不已。他们总是如此成功,难道有三头六臂吗?谁也没有三头六臂,但强者之所以成为强者,总是有原因的。他们往往敢为别人所不敢为,具有一种"舍我其谁"的气魄。

刘磊就是靠"为人不敢为"的精神做生意而发财的。

2003年5月,伊拉克战争爆发了。刘磊通过电视新闻看到两条消息:伊拉克被美军占领后,抵抗组织频频向美军发起人肉炸弹袭击,导致大量美军士兵躲在军营中不敢外出;频繁的袭击导致美军伤亡率上升,美国军方为了稳定战区军心,决定大幅度提高驻伊拉克人员的战地补助。看到这里,刘磊突然想到:当地美军拿了高额补助却不能出门消费,若是我能到美军军营附近做生意,岂不是抓住了大好商机?

一开始,由于没有通行证,守卫绿区的美军士兵不允许他进去。但破釜沉舟的刘磊还是拿着印制精美的中餐菜谱,告诉门口荷枪实弹的美国兵,他要在绿区开餐厅做中餐!美国兵一听顿时显得非常高兴,竟然例外地给予了一点小小的方便:放行!他跟配发"绿区"通行证的格里菲斯上尉接触了两次后,终于拿到了绿区通行证。

在绿区开餐厅的成本很低——在巴格达市场上,美国产5升罐装的大豆油折合人民币12元;越南产50公斤装的大米折合人民币80元;黑市价更是低得惊人,每罐煤气只要人民币1.5元;而绿区之内是美军的天下,伊拉克临时政府的人员都不敢进去收费,甚至连水电费都免了!

在如此低廉的成本之下,刘磊做出的饭菜的标价可一点儿也不便宜,一盘普通扬州炒饭的标价是5美元——折合人民币40元左右,是国内的10倍!刘磊在绿区没有竞争对手,中餐厅独此一家,他的生意想不好都难!就这样,火爆的生意让刘磊月平均盈利达1万美元左右。

到了2005年3月,伊拉克局势稳定,伊拉克临时政府开始全面接管政权,刘磊在巴格达绿区的餐厅这才结束营业。他的餐厅全部经营时间不过一年零三个月,所赚的美金折合人民币308万元。

刘磊的机遇可遇不可求,但值得借鉴和学习的却是他的这种敢于弄潮的大气魄。很多时候,我们要想有所作为,成就一番大事,没有敢于跳进潮流中击水搏浪的气魄是不行的。

成 功 法 则

永远不甘于命运的摆布

关于命运,法国作家罗曼·罗兰说过这样一句话:"宿命论是那些缺乏意志力的弱者的借口。"

我们的命运究竟由什么来决定?我们的命运究竟掌握在谁的手里?对一个敢于面对生活的强者来说,命运永远都掌握在自己手里;对一个不敢面对生活的弱者来说,命运就是上天偶尔的施舍和同情。

古往今来,人们一直都在思考命运,关注命运,希望自己能够有一个好命运。但是,什么是命运?过去,人们一直认为每个人的命运都是上天早就注定好的,只能顺从,不可违背。其实,命运是个欺软怕硬的东西,如果你不想也不敢改变自己的命运,那么只能忍受命运的摆布与戏弄。但如果你奋力一搏,用智慧来改变命运,经营生命,往往会出现"柳暗花明"的景象。世界潜能大师安东尼·罗宾说:任何成功者都不是天生的,成功的根本原因是人的无穷无尽的潜能被开发了。只要你抱着积极的心态去开发潜能,你就会有用不完的能量,你的能力就会越来越强。反之就只能怨天尤人,叹息命运的不公,变得越来越消极无为。

每个人都是自己命运的舵手,每个人的命运都掌握在自己手中，只要你能正确地看待自己的人生，就可以更好地把握自己的命运。无论别人对你的评价如何，无论你的年龄有多大，无论你面前有多大的阻力，只要稳定心态，自信满满，就一定会有所成就。事实上，只要拂去身上的尘埃，给自己的人生一个更好的定位，有目标、有理想、有干劲，对未来抱有希望，你就能创造属于自己的辉煌。

人的一生并非所有事情都是听天由命的，只要你有打破生活的勇气，励志做生活的主人，你就可以把命运牢牢地握在自己手里。

成功法则

要学会绝地反击

在现实生活中,很多人为生计而终日奔波劳苦,在生活的压力下消磨了斗志。获取财富的梦想,就像是天边的云彩,看上去很美,可是怎么也抓不住。然而,在这个充满机会的时代,机会只属于不断努力和进取的人们,属于具有远大志向的人们。

一个人如果总抱着穷人的心态,就会让自己始终被生活羁绊,心灵蒙上了灰尘,行动胆怯,不愿意付出,也不敢付出,结果一次次地错过各种机会,在时代的大潮中成为弃儿。

生活中有一个现象很有趣,有的人被人称为"老王""小张",而有的人却被人恭恭敬敬地称呼姓名,甚至在许多场合被称为"某先生"或"某女士"。多观察一下你就会发现,有些人能自然地表现出自信、忠诚等令人赞美的品质,有些人则做不到这一点,而具有这种风度、真正受人敬重的人,大都是成功的人物。

造成这种差别的原因在很大程度上与人们的思想有关。那些自以为比别人差的人,不管他实际能力到底怎样,一定会比别人差。如果一个人觉得自己比不上别人,他就会有真的比不上别人的各种表现,而且这种感觉是无法掩饰或隐瞒的。那些认为自己只能做个小人物、小角色而不能登大雅之堂的人往往一辈子也就真的如此，成不了大人物，因为他自己都不重视自己，当然不会付诸行动让自己变得重要，而那些相信自己有能力承担重任的人，往往就真的会成为一个很重要的人物。尼采曾经说过，受苦的人，没有悲观的权利。贫穷就像一根弹簧，你越压它，它越收缩，你越放松，它越反弹。贫穷只会在那些懦弱者身上逞威，在强者面前，它毫无功力。

真正的贫穷不在于你物质上的贫穷，而在于你思想上的贫穷，那些思想上的贫穷者才是真正的贫穷者。如果你不甘贫穷，带着你那颗充满激情的心与之开展殊死的搏斗，贫穷定会离你而去。如果你被贫穷占领了思想，那你只能怨天尤人，以泪洗面，毫无他法了。

古人说："寒门生贵子，白屋出公卿。"人们崇拜成功者，更崇拜那些从困境中崛起的佼佼者。永不枯竭的心灵，熠熠生辉的成就是对贫穷最好的回报。只有依靠个人的奋斗，从贫困中挣扎出来的人们，才会真正了解生命的价值与生活的真正意义。

有一个青年背着一个大包裹千里迢迢跑去找无际大师，他说："大师，我是那样的孤独、痛苦和寂寞，长期的跋涉使我疲倦到极点。我的鞋子破了，荆棘割破双脚；手也受伤了，流血不止；嗓子因为长久的呼喊而暗哑……为什么我还不能找到心中的阳光？"

大师问："你的大包裹里装的是什么？"

青年说："它对我可重要了。里面有我每一次跌倒时的痛苦，每一次受伤后的哭泣，每一次孤寂时的烦恼……有了它，我才能走到您这儿来。"

成功法则

无际大师听完后,一句话都没有说,只是带着青年来到河边。他们坐船过了河。上岸后,大师说:"你扛着船赶路吧!"

"什么,扛着船赶路?"青年很惊讶,"它那么沉,我扛得动吗?"

"是的,孩子,你扛不动它。"大师微微一笑说,"过河时,船是有用的,但过了河,我们就要放下船赶路,否则,它会变成我们的包袱。痛苦、孤独、寂寞、灾难、眼泪,这些对人生都是有用的,能使生命得到升华,但时刻不忘,就成了人生的包袱。放下它吧,孩子,生命不能负重太多。"

青年放下包袱,继续赶路,他发觉自己的步子轻松,比以前快得多,原来,生命是不必如此沉重的。

贫穷并不可怕,可怕的是贫穷的心态。一个人如果始终认为自己这辈子只能做穷人,他也就只能在时代的挑战中故步自封。改变贫穷的面貌和状态,就要把自己想象成一个富有的人士,就要想想一个富有人士应该如何去做。一个人不会总穷困的,只要不断努力就一定能够改善自己的生活,成为一个富有的人。

处在贫困中的人们,赶快擦干眼泪,驱散你满脸的忧愁,扔掉你那时时放不下的痛苦与悲观吧,在追求成功与富有的道路上,你不应该带着这些沉重而无用的包袱前行。

没有比成功更能导致成功

在20世纪初，有一帮横行美国西部的土匪占据了一个小镇。他们枪击酒吧，威胁居民，并将警长撵走。镇长在无可奈何的情形下，只能发电报给州长，要求派游骑兵来维护公共秩序。州长同意了，并告诉他这队游骑兵会在第二天乘火车来。

第二天，镇长亲自去迎接，令他不敢相信的是，只到了一名游骑兵。

"还有其他人吗？"这位镇长问。

"没有其他人了。"这名游骑兵回答。

"有没有搞错？一名游骑兵怎么能治得了这一大帮土匪呢？"这位镇长气愤地问。

"好了，这里不就是只有一帮土匪吗？"游骑兵满不在乎地说。

这个传说并不见得百分之百真实，但它揭示了一个事实：不到100名游骑兵，保卫着整个得克萨斯州。尽管是一名游骑兵执行任务，但也不畏惧人多势众的对手。他会根据情况决定自己该怎么做。他会组织当地的民众，并带领执法人员采取行动。游骑兵所遭遇的状况通常是极度危险的，但他们擅长于领导别人出生入死。

成功法则

　　有句老话说："没有比成功更能导致成功。"这句话的意思是说，成功会制造成功，成功的人会变得更成功。换句话说，假若你在过去成功，就会有很大的可能在未来得到成功。

　　但在你没有成功以前，你如何达到成功呢？这种说法像是鸡生蛋、蛋生鸡的问题。没有蛋就不会有鸡，但没有鸡又哪来的蛋？

思考决定行动的方向

有人面对危难总是狂躁发怒,乱了方寸。而成功者却总是临危不乱,沉着冷静,理智地应对危局,之所以这样,是因为他们能够冷静地思考问题,在冷静中找出解决问题的突破口。可见,让过度发热的大脑冷静下来对解决问题是何等重要。

思考决定行动的方向。那些能成大事的人,差不多都是能够正确思考的决策者。很显然,成大事源自正确的决策,正确的决策又源自正确的判断,正确的判断源自经验,而经验又源自我们以往的实践活动。人生中那些看似错误或痛苦的经验,有时却是最宝贵的财产。在纵观全局、果断决策的那一刻,你的命运便已经注定。两强相争勇者胜,成大事者之所以成功,就在于他决策时表现出的智慧与胆识,在于他能够及时排除错误之见。正确的判断是成大事者需要具备的能力。为什么呢?因为没有正确的判断,就会面临更多的失败和危机,而面对失败和危机时保持冷静是很重要的。在平常的状况下,大部分人都能控制自己,也能做出正确的决定。但是,一旦事态紧急,他们就会自乱脚步,无法把持自己。

一位美国空军飞行员说:"二次大战期间,我独自担任F6战斗机的驾驶员。头一次任务是轰炸、扫射东京湾。战斗机从

成功法则

航空母舰起飞后一直在高空飞行,到达目的地的上空后再以俯冲的姿态执行任务。

"然而,正当我以雷霆万钧之势俯冲时,飞机左翼被敌军击中,飞机翻转过来,并急速下坠。

"我发现海洋竟然在我的头顶。你知道是什么救我一命的吗?

"我接受训练期间,教官一再叮咛说,在紧急状况中要沉着应付,切勿轻举妄动。飞机下坠时我就只记得这么一句话,因此,我没有乱动,冷静地等候把飞机拉起来的最佳时机。最后,我果然幸运地脱险了。假如我当时完全被本能的求生欲望所操控,未待最佳时机到来就胡乱操作了,必定会使飞机下坠更快而葬身大海。"

他又强调说:"一直到现在,我还记得教官那句话:'不要轻举妄动,自乱脚步;要冷静地判断,抓住最佳时机。'"

面对突发事件,出于本能,许多人都会做出惊慌失措的反应。然而,仔细想来,惊慌失措非但于事无补,反而会添出许多乱子。试想,如果是两军相争的时候,自己一方突然出现意想不到的状况,而对方此时乘危而攻,那岂不是雪上加霜吗?

所以,在紧急时刻,临危不乱,处变不惊,保持高度的镇定,冷静地分析形势,那才是明智之举。

唐宪宗时期,有个中书令叫裴度。有一天,裴度的手下慌慌张张地跑来向他报告说,他的大印不见了。在过去,为官的丢了大印,那可真是一件非同小可的事。可是裴度听了报告之后却一点也不惊慌,只是点头表示知道了。然后,他告诫左右的人千万不要张扬这件事。

左右之人看裴中书并不像他们想象那般惊慌失措，都感到疑惑不解，猜不透裴度心中是怎样想的。而使周围的人更吃惊的是，裴度就像完全忘掉了丢印的事，当晚竟然在府中大宴宾客，和众人饮酒取乐，十分逍遥自在。

就在酒至半酣时，有人发现大印被放回原处了。裴度的手下又迫不及待地向裴度报告这一喜讯，裴度却依然满不在乎，好像根本没有发生过丢印之事一般。那天晚上，众人十分尽兴，直到很晚方才各自回去歇息。

下人始终不能揣测裴中书为什么能如此成竹在胸。事过好久，裴度才提到此事说："当时想必是管印的官吏私自拿去用了，恰巧又被你们发现了。这时如果嚷嚷开来，偷印的人担心出事，惊慌之中必定会想到毁灭证据。如果他真的把印偷偷毁了，印又去何处寻找呢？我处之以缓，不表露出惊慌，这样也不会让偷印者感到惊慌，他就会在用过之后悄悄放回原处，而大印也不愁会失而复得。"

从人的心理上讲，遇到突发事件，每个人都难免产生一种惊慌的情绪，问题是该怎样想办法控制。

楚汉相争的时候，有一次刘邦和项羽在两军阵前对话，刘邦历数项羽的罪过。项羽大怒，命令暗中潜伏的弓弩手几千人一齐向刘邦放箭，一支箭正好射中刘邦的胸口。刘邦伤势沉重，痛得他不得不俯下身来。主将受伤，群龙无首，若楚军趁对方人心浮动发起进攻，汉军必然全军溃败。猛然间，刘邦突然镇静下来，他巧施妙计，用手按住自己的脚，大声喊道："居然被你们射中了！幸好伤在脚趾，并没有受重伤。"汉军将士们听到此话顿时稳定下来，终于抵挡住了楚军的进攻。

成功法则

西晋时，河间王司马顺、成都王司马颖起兵讨伐洛阳的齐王司马冏。司马冏得知二王的兵马从东西两面夹击京城，表现得惊慌异常，赶紧召集手下人商议对策。

尚书令王戎说："现在二王的大军有百万之众，来势凶猛，恐怕难以抵挡，不如暂时让出大权，以王的身份回到封地去，这是保全之计。"

王戎的话音刚落，齐王的一个心腹就怒气冲冲地吼道："身为尚书理当为大王披荆斩棘，怎能让大王回到封地去呢？自汉魏以来，王侯返国有几个能保全性命的？有这种主张的人就应该杀头！"

王戎一看大祸临头，赶紧说："老臣刚才服了点寒食散，现在药性发作要上厕所。"说罢便急匆匆走向厕所，还故意一脚跌了下去，弄得满身屎尿臭不可闻。齐王和众臣看到他之后都捂住鼻子大笑不止。王戎便借机溜掉，免去了一场大祸。

正因为王戎有一个冷静的头脑，才在危急之下身免一死。此事无疑给后人以启示：遇事要沉着冷静，静中生计，以求万全。水静才能照清人影，心静方可看透事物。

法则二

强大的担当力

成功法则

你必须负起责任

"责任就是对自己要做的事情保有一种热爱。"因为这种热爱,责任本身就成了生命意义的一种体现,人们就能从中获得心灵的满足。相反,一个不爱家庭的人,怎么会爱他人和事业?这正应验了那句话:爱的力量可以大到使人忘记一切,却又可以小到使人连一粒沙石也不能容纳。

一个随波逐流的人,怎么会坚定地负起生活中的责任?这样的人往往把责任看作强加给他的负担,看作个人纯粹的付出,总想着索求回报。

一个不知应对自己人生负什么责任的人,甚至会无法弄清自己在世界上的责任是什么。有一位女子向大文豪托尔斯泰请教,为了尽到对人类的责任,她应该做些什么。托尔斯泰听了非常反感:人们受苦的原因就在于没有自己的信念,却偏要做出按照某种信念生活的样子。当然,这样的信念往往是空洞的。

更常见的情况是,许多人承担责任确实是完全被动的,他们不是出于自觉的选择,而是由于习惯、舆论等原因。由于他们不曾认真地想过自己的人生究竟应该怎样过,因而在责任问题上也表现得十分盲从了。"不要问你的国家为你做了什么,而要问一问你为国家做了什么。"这是约翰·肯尼迪当年竞选总统的演说词。

　　事实上，不仅年轻人，就连许多中老年人都有一种幼稚的心态。他们总是不停地发牢骚，却很少审视自己。公民抱怨国家，职员报怨公司，却不去从自己身上找原因。先别问社会给了你什么，先问问你自己为社会做了多少贡献。那些不从自身找问题却终日抱怨的人，只不过是一些高龄儿童在撒娇而已。

　　有些事情是你决定不了的，但你可以决定自己对这些事情的看法和反应，如此一来，你还是拥有了力量。"责任"意味着没有任何事物可以改变你的想法，因为你是以你的身份回应所有的事物。这种想法让你生活满足，找到最好的你。如果你能负起责任，未来就一定能够成为一个举足轻重的人物。

　　古人云：修身，齐家，治国，平天下。如果一个人能对自己的家庭负责，那么，在包括婚姻和家庭在内的一切社会关系中，他对自己的行为都会表现出一种负责的态度。如果一个社会是由这些对自己的人生负责的成员组成的，这个社会就必定是高质量的、有效率的，当然也会是和谐的。

成功法则

决不推卸责任

生活中，遇到问题时大多数的人都会推卸责任。

有个年轻人杀死了两个人，记者问起他的生活以及他作案的动机。他告诉记者，他成长在一个破碎的家庭中，在他的记忆里，父亲总是喝得醉醺醺的，还打他的母亲。他们一家都是靠父亲的偷窃所得过活，这也就是为什么他从六岁开始就四处行窃了。他在犯下这起杀人案之前，就曾因蓄意谋杀被判过刑。采访的最后，他说了这么一句话：

"在这种条件下，你能期望出现不同的我吗？"

这位年轻人还有个双胞胎弟弟。记者知道之后，也去采访了他，却惊讶地发现他与他哥哥是完全不同的人。他是一位律师，享有很高的声誉，还被选入社区委员会和教会委员会。已婚的他育有两个小孩，生活很美满。

觉得很不可思议的记者问他这一路是怎么走过来的。他陈述了与哥哥一样的家庭背景，但是采访的最后，他说道："经历了多年那样的生活，我体会到这样的生活会把我带往什么样的地方去。因此我开始思索——在这种条件下，要如何创造不同的我呢？"

同样的基因、同样的父母、同样的教育与同样的环境，却有不同的想法，以至于产生不同的结果。为什么在同样的条件之下两个人会走出完全不同的道路呢？或许他们都曾经认识某个人，带给他们正面的影响力，但只是其中的一个把他的话听进去了，另一个则把他的话当作耳旁风。也或许他们都曾经拥有过一本好书，也开始阅读这本书，但其中一个继续读了下去，另一个则把书束之高阁。最后，他们走向了完全不同的人生方向。

一位大学心理学教授说："一个人发展成熟的最明显的标志之一，是他乐于承担起由于自己的错误而造成的后果。有勇气和智慧承认自己的错误是不简单的，尤其是在人们固执和愚蠢的时候。我每天都会做错事，我想我一生几乎都会是这样。然而，我力图在一天里不把同一件事情做错两次，但要想在大部分时间里避免这种错误，那就不是件容易的事了。可是，当我看见一支铅笔的时候，我就会得到一些宽慰。我想，当人们不犯错误的时候，人们也就用不着制造带有橡皮头的铅笔了。"

把责任往别人身上推，不正是赤裸裸的劣根性吗？问题是你把责任往别人身上推的同时，也将自己的人格推掉了。我们就是那么轻易地把责任推给别人，然后又若无其事地站在一旁抱怨：都是公司的错，害我不能发挥所长；都是同事的错，或我的健康状况害得我不能……请问，我们希望让公司、同事和我们的健康来操控我们吗？要记住，只有勇于承认错误的人才能拥有魅力。基于这个原因，我们为什么不能很乐意地扛起这个错？如果我们喜欢掌握自己的生活的话。

成功法则

做一个勇于承担责任的人

究竟什么是责任呢？责任就是对自己所负使命的忠诚和信守，责任就是完成应当完成的使命，做好应当做好的工作。

责任从本质上说，是一种与生俱来的使命，责任是人性的升华。一个人只有全面履行责任后，才能使自己的潜能得到充分的挖掘，才能感受到责任所带来的力量，才能出色地完成工作，才能被赋予更多的使命。责任是实现人的全面发展的必由之路。

责任本来就是生活的一部分，我们要生活，就必须承担起责任，这不仅是我们生活的前提，也是我们更好地生活的前提。我们要让责任成为我们脑海中一种强烈的意识，在日常生活和工作中，这种责任意识会让我们表现得更加卓越。如果我们把责任看成是生活的一部分，在真正承担起责任时，我们就不会感觉到累，也不会认为自己承担不起。因为一个能够独立生活的人，就一定能够承担起责任。事实上，责任是由许多小事构成的。最基本的是处事成熟，无论多小的事，如果负起责任，就能够比任何人做得都好。

一个有责任心的人，给他人的感觉是值得信赖与尊敬。而一个没有责任心的人，没有人愿意相信他、支持他、帮助他。

法则二 强大的担当力

威尔逊是美国历史上一位伟大的总统,他深知自己的责任与义务,并且他认为,做一些超出自己范围的事情,总会得到更多的回报。他曾经说道:"我发现,偶然的责任是与机会成正比的。"

有人说法国的戴高乐是个狂热的民族主义者,这是没错的。幼年的戴高乐在与兄弟们玩战争游戏时,总是自告奋勇代表法兰西一方。他坚持称"我的法兰西",绝不准任何人对其染指,甚至不惜为此与他的哥哥打得头破血流,直到他的哥哥无奈地承认:"好了,我不和你争了,是你的法兰西,是你的。"或许这就是天意,日后戴高乐果然承担了拯救法兰西民族危亡的大任。这也说不上是天意,因为戴高乐自小就以拯救法兰西为己任。

凡有所建树者,必有一种担当大任的责任感。古今中外,莫不如此。礼崩乐坏之时,孔子四处奔走,推行他的"大道";民族多事之秋,班超毅然投笔从戎,立下不朽功业;五胡乱华之际,祖逖闻鸡起舞,自强不息。

勇于承担大任,就是应该清楚地知道什么是自己必须做的,不需要别人强迫,不需要别人指使。二战初始,法国投降,剩下英军孤立无援地同纳粹德国作战。骄傲的德国人以为他们接下来的任务就是准备迎接胜利的到来。1940年7月19日,希特勒在帝国国会上做了长篇演说,先是对丘吉尔进行了一番痛快淋漓的辱骂,而后要求英国人民停止抵抗,并要求丘吉尔做出答复。就在他的这番"劝诫"发出不到一个小时,英国广播公司就用一个简单的词做出了答复:NO。

后来丘吉尔回忆说,这个"NO"不是英国政府通知广播电

成功法则

台发布的,而是广播电台的一个播音员在听到希特勒的演讲后,自行决定发布的。丘吉尔从内心为他的人民感到骄傲。何止是丘吉尔,又有哪个读到这个故事的人会不为这个敢担大任的播音员叫好?

将责任根植于内心

1903年诺贝尔文学奖得主马丁纽斯·比昂逊还是一位社会学家,他说:"一个人越敢于承担责任,他就越意气风发;如果一个人有足够的胆识与能力,他就没有什么该讲而不敢讲的话,没有什么该做而不敢做的事,更没有什么心虚畏怯之处。"

托尔斯泰也曾经说过:"一个人若是没有热情,他将一事无成,而热情的基点正是责任感。"

许多年以前,伦敦住着一个小男孩,他自幼贫病交加,无依无靠,饱尝了人世的艰辛。为了糊口,他不得不在一家印刷厂做童工。

环境虽然艰苦,小男孩的志气却没有被消磨。他早就与书报结下了不解之缘,常常伫立在书橱前,不住地摸着衣兜里仅有的几个买面包用的先令。为了买书,他不得不挨饿。一天早晨的上班途中,他在书店的书橱里发现了一本打开的新书,便如饥似渴地读了起来,直到把打开的两页读完才走。翌日清晨,他又身不由己地来到了这个书橱前,奇怪,那本书又往后翻开了两页!他又一口气读完了。他是多么想把它买下来呀,可是书价太高了。第三天,奇迹又出现了:书页又按顺序向后翻了两页,他又站在那儿读了起来。就这样,那本书每天都往后翻

成功法则

两页。他每天来读，直到把全书读完。这天，书店里一位慈祥的老人抚摸着他的头发说："好孩子，从今天起，你可以随时来这个书店，任意翻阅所有的书籍，却不必付钱。"

岁月如梭，这个少年后来成了著名的作家和记者，他就是英国一家晚报的主编本杰明。

本杰明之所以能自学成材，是因为他苦读善学，也是因为他遇到了一位极富有责任感的人。善良的老人倾注给他的是人间最美好的东西，温存怜悯，爱护关怀，鼓舞鞭策。他为身处困境的少年打开了走向美好生活的大门，引导他步入知识的世界。老人为本杰明后来成为对人类有所贡献的作家而承担了自己的责任。

对生活的热爱，对人类、对大自然、对一切美好事物的热爱，会使一个人认识到自己身负的使命以及应该承担的责任，从而努力为社会做出贡献。

没有责任感的军官不是合格的军官，没有责任感的员工不是优秀的员工。责任感是简单而无价的。工作就意味着责任，责任意识会让我们表现得更加出色。

美国西点军校的学员章程中规定：每个学员无论何时何地，无论穿军装与否，也无论是在忙于担任警卫、值勤等公务时，还是在进行私人活动时，都有义务承担自己的责任，而不是为了获得奖赏或别的什么。

这样的要求是非常高的。但西点军校的理念是，没有责任感的军官不是合格的军官，没有责任感的员工不是优秀的员工，没有责任感的公民不是好公民。在任何时候，责任感对自己、对国家、对社会都非常重要。正是这样严格的要求，让每一个

法则二　强大的担当力

从西点军校毕业的学员都获益匪浅。

西点认为，要成为一个好军人，就必须遵守纪律，有自尊心，为他的部队和国家感到自豪，对于他的同志和上级抱有高度的责任感，对于自己表现出的能力有充分的自信。而这样的要求，对企业的员工同样适用。

要让责任根植于每一个人的内心，成为我们脑海中一种强烈的意识。我们经常可以见到这样的员工，他们在谈到自己的公司时，使用的代名词通常都是"他们"，而不是"我们"，如"他们业务部……""他们财务部……"，这是缺乏责任感的典型表现，这样的员工至少没有一种"我们就是整个机构"的认同感。

责任感是简单而无价的。据说美国前总统杜鲁门的桌子上摆着一个牌子，上面写着：Book of stop here（问题到此为止）。他桌子上是否真的摆着这样一个牌子，我无法去求证，但我想告诉大家的是，这就是责任。如果对待每一件事都是"Book of stop here"，我敢说，这样做的公司将让所有人为之侧目，这样做的员工将赢得足够的尊敬和荣誉。

有一个给布朗太太割草打工的男孩有意给她打电话说："您需不需要割草？"布朗太太回答说："不需要了，我已有了割草工。"男孩又说："我会帮您拔掉草丛中的杂草。"布朗太太回答："我的割草工已经做了。"男孩进一步说："我会帮您把草与走道的四周割得很齐。"布朗太太说："我请的那人也已做了，谢谢你，我不需要新的割草工人。"男孩挂了电话。此时男孩的室友问他说："你不就在布朗太太那儿割草打工吗？为什么还要打这个电话？"男孩说："我只是想知道我究竟做得好不好！"

多问自己"我做得如何"，这就是一种责任感。

成功法则

责任心可以为你赢得尊重

无论做什么工作，我们都应该勇于负责，脚踏实地地去做好自己的工作。如果你勇于负责、认认真真地做，你的成绩就会被大家看在眼里，你的行为就会受到上司的赞赏和鼓励，你的业绩就会让你在同事面前赢得尊重。

当年松下幸之助之所以和山本武信合作开发车灯市场，是因为看中了山本勇于负责的品格。

那是在第一次世界大战中，山本还年轻，几笔生意做下来非常成功，但战争结束时，受到战后经济不景气的影响，他的生意赔了。他由于缺少经验没有及时"停船"或是"避一避风"，开了一阵子"顶风船"，终于赔得一塌糊涂。摊子铺得越大，雇员越多，亏损就越大。当时他还在银行借了许多钱，于是做了破产清理。

按一般商人的心理，总要想尽办法保留和转移一些财产，以求东山再起。山本武信何尝不想东山再起？但他所采取的方法和态度却与常人不同。他把所有的财产造册，提供给债权人和银行，就连属于自己的物品——包括金壳怀表都拿了出来。这样做他还觉得不够，又把太太的私人物品，甚至陪嫁——包括钻戒、金戒指等首饰全部交出。

法则二　强大的担当力

银行经理非常感动,对他说:"山本先生,这一次的损失固然是你的责任,但战后的不景气,不是以你个人的能力所能解决的。你要负责的诚意,我十分了解,可也不好做到这种程度。店里的财产,当然要请你全部拿出,至于你身上常用的物品就不必拿出来了——尤其是太太的……请带回吧!"

山本武信并非哗众取宠之辈,他是出于负责任的考虑,而这种光明磊落的态度竟成为他日后成功的一个重要原因。在经历了不景气之后,日本的经济开始爬升。山本武信又向银行申请贷款,银行认为此人信誉极佳,如同以往一样给予了支持。他吸取过去的经验,凭借这笔贷款重整旗鼓,发展起了化妆品制造和批发业务。

山本把自己的故事一五一十地讲给了松下幸之助,博得了松下幸之助的极大信任,也使松下幸之助终于下定决心将车灯的总代理权交给山本。

松下幸之助是日本"松下"电器的创始人,被人们誉为"经营之神"。他不仅在经营上有其"神乎其神"的一面,在用人上更有异乎常人的"过人之处"。

有一个日本小孩,他父亲生前是个生意人,在创业不久就因意外不幸去世了,留下一大笔债务。父亲去世的时候,小孩只有12岁。按法律规定,小孩完全可以不承担这笔债务。就在父亲的债权人后悔不已的时候,小孩竟一一上门拜访,许下诺言说给他20年时间,他会全部还清父亲的债务。20年!一生中有几个20年?小孩却要用20年去还一笔不应由自己承担的债务,这需要多大的勇气呀!没有几个债权人对此抱有希望,但事已至此并无他法,只有听之任之了。果然,小孩开始了他

的还债生涯。在他 27 岁那年，他还清了所有债款，提前了 5 年！

　　小孩缩短了还债时间，原因很简单：一是自己许下的诺言成了一股强大的动力，促使他不断朝着目标奋斗；二是由于自己兑现了诺言，债权人对他产生了极大的信任，都愿意与他合作。与他合作的人越来越多，他的生意越做越大，因而钱也越赚越多（如果小孩不兑现诺言的话，他也许一辈子都得不到这笔财富）。

　　小孩自己也许没意识到，他勇于负责的行动让他获益终生。由于他花了 15 年时间去还一笔本来不属于他的债务，他的信誉在生意圈子中产生了一股巨大的力量，几乎没有人不愿意与他发生生意往来，这使他成了一个富翁。

　　责任感是一个人与社会维系关系的必要条件。责任从来就不是一个人的事。一个生命个体，无论是对自己的家庭成员还是对自己的亲朋好友，都要负起责任，这是一种最基本的生活态度。

勇于承认错误是一种智慧

我的朋友方先生告诉我说,他们学校对他的教学工作颇有微词。一位和他相识的教授曾说了一些不中听的话,这些话被传到他耳中,他听后十分气愤。后来他接到这位教授的来信。那时教授已离开了学校,调到某新闻部门从事编辑工作。教授来信说,以前低估了他,希望得到原谅。此时,我朋友的各种敌意烟消云散了,他甚至非常感动,马上回信表示敬意。从此,他们便成了好朋友。

这件事使我们了解到,承认自己的错误不但可以修复破裂的关系,而且可以增进感情。但有勇气承认自己的错误也不是一件容易的事情。记不清是哪一位名人曾经说过:"人们敢于在大众面前坚持真理,但往往缺乏勇气在大众面前承认错误。"有些人一旦犯了错误,就列出一万个理由来掩饰自己的错误,这无非是"面子"在作怪。他们认为一旦承认自己的错误,就伤了自尊,丢了个人面子。有这种想法,无异于为了保护第一个错误而制造了更多的错误,真可谓错上加错。

古人说过:"人非圣贤,孰能无过,过而能改,善莫大焉。"意思是说,人都会有过失,只要能认识自己的过失,认真改正,就是有道德的表现。孔子曾把"过失"比喻为日食

与月食，无论怎样对待，大家都会看得清清楚楚。因此，最好的办法是坦诚地承认自己的错误，这样别人的批评也许会少些。

事实上，自觉地承认自己的错误，不但可以让别人多了解和信任我们，而且可以让我们增进自我了解进而产生自信心。让我们来看一看当年的亨利福特二世是如何从错误中总结经验并真正了解自己的能力的。当年26岁的亨利福特二世接任了每天会亏损900万元的福特汽车公司的总裁。上任后，他努力避免错误产生的做法，扭转了公司的命运。有人问他，如果让他从头再来的话，会有什么不同的表现。他回答道："我只能从错误中学习，因此我不认为自己可能有什么与众不同的作为，我只是尽量避免重犯相同的错误而已。"

承认自己的错误不是耻辱，而是真挚和诚恳的表现。其实，承认你的错误，更能显示你人格的伟大。凡是伟大的人都有认错的时候。认错时一定要真诚，不要虚情假意。真诚不等于奴颜婢膝，不必低三下四，要大大方方，承认错误是希望纠正错误，这本身是值得尊敬的事情。假如你没有错，就不要为了息事宁人而认错，这是没有骨气的做法，对任何人都没有好处。例如，你是一位主管，辞退了某位不称职的部属，你会觉得很遗憾，但用不着认错。

人非圣贤，孰能无过？扪心自问，我们是否说过伤人的话，做过损害别人利益的事？大多数人的答案是肯定的，但关键是坦诚地承认自己的错误会让我们内心坦荡，还会让我们树立更加正面的自我形象，有更好的工作表现。早在2000年前，古希腊的哲学家留基伯与德谟克利特就在比较自己错与别人错的过程中,明确地指出:"谴责自己的过错比谴责别人的过错好。"最笨的人才会找借口掩饰自己的错误。年轻的朋友,假如你发现了自己的错误,就应尽快地承认自己的过错,这不仅不会有损于你的尊严,反而会提升你的人格魅力。

成功法则

好情绪是成功的开始

其实，人们做任何事情，都需要保持好的心情。好的情绪是做事成功的开始。

在生活与事业上，人们不可能永远一帆风顺，总会有许多不如意的事。保持乐观的心态去面对生活与事业上的难题，怀着好心情去做事，才有利于解决问题。

心情就如汽车的发动机，一旦你的心情出了问题，就会丧失前进的动力。虽然人人都知道好心情会使人生活得快乐，更容易走向成功，可是随着人们生活节奏的加快，似乎心情不好已经成为一种口头禅、流行病，影响人们的工作，影响人们的生活，也影响人们的事业。

马克思有句名言："一种美好的心情要比十服良药更能缓解生理上的疲惫和病理上的痛苦。"一个人心情的好坏会直接影响到生活、学习和工作。

一个女儿对她的父亲抱怨，说她的生命是如何如何痛苦、无助，她是多么想要快乐地走下去，但是她已失去方向，只想放弃。她已厌烦了抗拒、挣扎，但是问题似乎一个接着一个，让她毫无招架之力。

父亲二话不说，拉着心爱的女儿走向厨房。他烧了三锅水，

法则二　强大的担当力

当水开了之后,他在第一个锅子里放了萝卜,在第二个锅子里放了一颗蛋,在第三个锅子里则放进了咖啡。

女儿望着父亲,不知所以然,而父亲则温柔地握着她的手,示意她不要说话,静静地看着锅里的萝卜、蛋和咖啡。一段时间过后,父亲把锅里的萝卜、蛋捞起来各放进碗中,把咖啡滤倒进杯子,问:"你看到了什么?"

女儿说:"萝卜、蛋和咖啡。"

父亲把女儿拉近,要女儿摸摸经过沸水烧煮的萝卜,萝卜已被煮得软烂。他又让女儿拿起一颗蛋,她敲碎薄而硬的蛋壳,细心地观察着这颗水煮蛋。然后,他要女儿尝尝咖啡,女儿笑起来,喝着咖啡,闻到浓浓的香味。

女儿谦虚恭敬地问:"爸,这是什么意思?"

父亲解释:"这三样东西面对相同的环境,也就是滚烫的水,反应却各不相同。原本粗硬、坚实的萝卜,在滚水中却变软了,变烂了;这个蛋原本非常脆弱,那薄而硬的外壳保护了它液体似的蛋清和蛋黄,但是在沸腾的水中,蛋壳内却变硬了;而粉末似的咖啡却非常特别,在滚烫的热水中,它竟然改变了水。"

"你呢?我的女儿,你是什么?"父亲慈爱地问虽已长大成人却一时失去勇气的女儿,"当逆境到来,你做何选择呢?你是看似坚强的萝卜,但痛苦与逆境到来时却变得软弱,失去力量吗?或者你原本是一颗蛋,有着柔顺易变的心?你原本有弹性、有潜力的灵魂,是否在经历死亡、分离、困境之后,变得坚硬顽强?或者,你就像是咖啡?咖啡将那带来痛苦的沸水改变了。如果你像咖啡,当逆境到来而且一切都不如意时,你就

· 45 ·

会变得更好，懂吗？我的宝贝女儿，你是让逆境摧折自己，还是主动改变身边的一切？"

人要好好地生活，但却不能被生活所俘虏，生活中会遇到许多意想不到的事情，有激动和震荡，有高潮和低潮，对那些想成为成功者的人来说，不管人生给了他们多少痛苦不堪的际遇，他们都能在黑暗中看到光明。

有些人认为人的承受力是无限的，其实并非如此。当我们在生活中感到不堪重负的时候，就应该明确地向相关的人提出自己的主张，千万不要把"所有的困难都扛下"，这样在承受压力的过程中，不仅心情会变得糟糕，而且生活和工作中的效率也会下降，最终导致无法得到满意的结果。

从心理学角度来看，一个人心情好的时候头脑特别灵活，思维特别灵敏，做事情的效率要远远高于心情不好的时候。因此，无论任何时候，我们都要保持良好的心态，带着快乐的心情做每件事情，也只有这样，我们才能把事情做得更好。

当然，好心情并不一定是指兴奋，最好的是平静的心态，遇事宠辱不惊，从容不迫，可以说，这是一种难能可贵的精神状态。

美国联合保险公司有一位名叫艾伦的推销员，他很想当公司的明星推销员。因此，他不断从励志书籍和杂志中学习培养积极心态的方法。有一次，他陷入了困境，这是对他平时进行积极心态训练的一次考验。

那是一个寒冷的冬天，艾伦在威斯康星州一个城市里的某个街区推销保险单，但却没有一次成功。他自己觉得很不满意，但当时他这种不满是积极心态下的不满。他想起过去读过一些保持积极心态的法则。第二天，他在出发之前对同事讲述了自己昨天的失败经历，并且对他们说："你们等着瞧吧，今天我会再次拜访那些顾客，我会售出比你们售出总和还多的保险单。"

基于这个信念，艾伦回到那个街区，又拜访了前一天同他谈过话的每个人，结果售出了66张新的事故保险单。这确实是了不起的成绩，而这个成绩是他此前所处的困境带来的，因为他曾在风雪交加的天气里挨家挨户走了8个多小时而一无所获。但艾伦能够把这种对大多数人来说都会感到沮丧的经历，变成第二天激励自己的动力，结果如愿以偿。

事业或学业成功的人，往往都能够充分运用积极心态带来的力量。人人都希望成功会不期而至，但绝大多数人并没有这样的运气或条件。就是有了这些条件或运气，他们也可能抓不住机会。

克莱门特·斯通指出：人的心态是随着环境的变化，自然地形成积极和消极两种的。思想与任何一种心态结合，都会形成一种具有"磁性"的力量，这种力量能吸引其他类似的或相关的思想。

这种"磁性"的力量，好比一颗种子，在它被播撒在肥沃的土壤里后，会发芽、成长，并且不断繁殖，直到原先那颗小小的种子变成数不尽的同样的种子。

一个人心情开朗的时候，对什么都会充满热情，充满希望，做起事来积极上进，自然也就会顺顺利利，最终走向成功的顶峰。其实，人生的开始并没有太大的区别，命运都掌握在自己的手中，之所以有人成功，有人失败，往往取决于心理因素。

不能用良好的态度面对生活以及自己所做的事情，这才是一些人真正走向失败的原因。因此，我们一定要用好心情去面对一切，这样，我们的未来才会一片光明。

心情将会直接影响到我们的生活、工作和学习，拥有好心情不仅会使我们生活得更加快乐，也会使我们在成功的道路上走得更加顺畅。

人非圣贤，孰能无过？人是感性的动物，无论是谁都会遇到一些或大或小的烦恼的事情。有些烦恼是可以避免的，是可以解决掉的，而有些事情可能就是没有办法的。当我们遇到这种事情的时候该怎么办？大多数人都会变得闷闷不乐，唉声叹气，很明显，如果抱有这样的心态，那事情永远都不会得到解决。我们要做的是不要一直沉浸在烦恼之中，要学会忘记。在有些时候，我们还可以将自己的消极情绪发泄出去。

一位心理学家曾这样说道："当你无法改变事实给你带来的烦恼时，就要学会忘记烦恼，这是你唯一重新获得快乐的方法。"

烦恼是伤害我们心灵的毒药，烦恼是好心情的克星，有它在，人就不可能生活得快乐。心理学研究表明，当一个人心情不好、生活不快乐时，他的身体健康程度就会下降，个人的反应能力也会随之降低，前进的动力和做事的效率都会受到影响。所以说，为了获得幸福的生活和更好的发展，我们一定要学会清洗自己的心灵，千万别让烦恼伤害我们。

很久以前有位禅师，他在得道之前曾跟着龙潭大师学习，龙潭大师要求他日复一日地诵经苦读，时间久了他便有些耐不住性子了。

法则二　强大的担当力

一天,他跑来问师父:"我就是师父翼下正在孵化的一只小鸡,真希望师父尽快地从外面啄碎蛋壳,让我早些破壳而出!"

大师笑着说:"在别人帮助下出壳的小鸡,没有一只能生存下来。你战胜不了自我,最后只能死于壳中。不要指望师父给你带来什么帮助。"

他推开门走出去时,看到外面非常黑,就说:"师父,天太黑了。"大师便给了他一支点燃的蜡烛。他刚接过去,大师就把蜡烛吹灭,并严肃地对他说:"如果你心头一片黑暗,那么,什么样的蜡烛都无法为你照亮前路!而只有你点亮了心灯一盏,天地自然就会一片光明。"

师父的话如醍醐灌顶,从此禅师苦行修炼,后来果然青出于蓝,成了一代大师。

想要有平静的心态和快乐的情绪,就要学会清除内心的黑暗,烦恼只存在于人的心中,只要你能点燃心中的那盏灯,黑暗就会被照亮,烦恼也就会随之而消失。

亨利曾写过这样的诗句:"我是命运的主人,我主宰自己的心灵。"既然人生不售回程票,我们就应当珍视我们的人生,享受我们的生活,不管上天给我们安排了什么样的旅伴,我们都要把握住自己的内心,积极地塑造自己的未来。

法则三

可贵的忠诚力

对团队足够忠诚

一个人能够同他人协作,表明他对自己所在的团队负责,这种负责实际也是对自己负责。其实合作就是顾全大局,一个懂得合作的人通常懂得"唇亡齿寒""皮之不存,毛将焉附"的道理,总是力求服从全局,凡事从大局着想,不会单单考虑个体的利益。

公司就像一个大家庭,这个家庭不能缺少每一位亲人的奉献,而且只有依靠亲人间的相互理解与协作,才能渡过生活中的一个个难关。同样,企业又像一个生命体,每一个部门就像一个组织,每一个员工就像一个细胞,只有细胞间通力合作才会带动组织的运动,只有组织间通力合作才会带动整个身体的健康发育。因此,企业离不开每一位员工,只有全体员工通力合作,才能使企业顺利发展,创造利润,并回报每一位员工。

微软公司在创业之初,靠的就是比尔·盖茨和他的团队精神。当时,微软的员工都把这个生机勃勃的小公司当作自己的"新家"。如果"新家"缺什么东西,很多人都愿意把自己家里的贡献出来。在大家眼中,"新家"的利益高于一切。因此,为集体的利益而去奋斗也就成为义不容辞的事。只要回想起这些,比尔·盖茨总是感动万分。

法则三　可贵的忠诚力

一个公司的成功，离不开所有成员的努力，而成员的力量却是来源于忠诚。只有员工忠于公司，才可以增强公司的凝聚力，使公司在市场竞争中立于不败之地。同时，公司需要每一个人的付出，需要每一个人把公司的利益摆在首位，并且，为了公司的发展去贡献自己的每一分力量。

史密斯夫妇和他们的孩子来到一家酒店的高尔夫俱乐部度假，刚一入住酒店，史密斯就告诉礼宾部的人员，他们的孩子对含有小麦和麦麸的食品过敏，希望餐饮部的人员注意，千万不要为孩子提供含有这些物质的食品。

礼宾部的人员记下后，马上联系了餐饮部经理，经理立即把这一信息通知到餐饮部的所有工作人员，要求大家对这名小顾客格外照顾。接到通知后，食品采购员即刻出发请教了医学专家和膳食专家，并到多家商店专门为孩子采购了食材；然后，配菜师根据这些食材特意为孩子设计了一份食谱；最后，点餐人员将这份食谱整理好，精心制作出一份特别的菜单。经理拿到这份菜单后，将它交给酒店大大小小的每一个餐厅，再次提醒他们格外注意。

当史密斯夫妇知道这一切后，顿时感动万分。他们万万没有想到酒店会为了满足他们的这个小小要求准备得如此周到、细致。

这家酒店的专业服务之所以会取得如此完美的效果，源自他们团队的集体奉献。为了一个特殊的客人，所有餐厅人员整齐划一，相互配合，统一行动，这不能不说是一种集体的力量。所以，企业蓬勃发展，靠的是每个人尽心尽力的工作——每个人是否以公司的利益为基准，是否为了统一的目标采取行动。

成功法则

作为团队中的一员，员工一定要时刻铭记自己的职责和使命。你只是团队的一员，即使再受重视，再有才华，也不能以自我为中心。团队的性质决定了每个员工只是团队的一部分，而不是全部，员工的所有工作都是以实现团队的目标为中心。

松下幸之助晚年时，松下公司一度面临严重亏损，公司领导决定"生产减半，人员减半"。这时，卧病在床的幸之助却下了批复：生产可以减半，但员工一个也不能裁。接到指示后，从上到下，全体员工都感动万分，他们开始以更大的热情投入到工作中，加班加点地生产和推销产品。在那段困难时期，员工们为了维护公司利益，抱成一团，使公司库存销售一空，松下电器终于成功摆脱了困境。

忠诚可以使团队形成一股凝聚力。对于一个员工而言，不管你是多么优秀，都离不开你所处的团队。因此，每个优秀的员工都必须为公司的成败负起责任。全体员工的出色合作，会为整个公司的辉煌增添绚烂的一笔；每个员工的各行其是，也会为公司最终的瓦解给予致命的一击。

法则三　可贵的忠诚力

忠诚是一种生存技能

忠诚是一种美德，更是一种风骨。

不仅如此，以研究军事著称的克里斯·麦克赖博士撰写了大量的关于士兵忠诚的文章，他在文章中提出："忠诚更是一种能力！"

他说，在著名小说《堂吉诃德》主人公所向往的"游侠时代"，个人能力是至高无上的，武功高强者就能够生存下去。那个时候，没有团队的概念，也不需要团队，因为行侠仗义从来不需要成帮结伙。但是，随着社会进步，个人英雄的作用也越来越小，英雄集体的作用越来越大，行侠仗义逐渐消失，战争开始依靠集团作战、协同作战来取得胜利。这个时候，对团队的忠诚就显得非常重要了，只有忠诚于团队的人才能成为团队需要的角色，才能在团队中发挥作用。"忠诚已不仅仅是品德范畴的东西了，它更是一种生存技能。"克里斯博士说。

一个成员个个忠诚的"作战小组"，其战斗力远远高于成员个个占有优势同时也各怀私心的"群体"。在战斗中，小组成员要绝对忠诚，这样相互之间才能建立绝对的信任。在海军陆战队中流行着这样一种说法："在作战小组中，从来就没有'我'字。"其意思是个人要绝对忠诚于团队，完全融入团队，

直到失去自我的程度。

协同侦察是一项重要的训练内容。一个名叫史密斯的教官在讲解中说:"在协同侦察中,成员们要起到相互支持的作用,侧翼人员保护中间的人员前进,这样,四面八方均在有效的搜索范围之内。如果你缺乏忠诚这一技能,你就无法被你所在的小组成员所信任,你就没有发挥才能的机会。"

忠诚作为一种能力,它是其他所有能力的统帅和核心,因为如果一个人缺乏忠诚,他的其他能力就失去了用武之地,没有任何一个组织愿意使用一个缺乏忠诚的人。

在越来越激烈的竞争中,人才之间的较量,已经从单纯的能力对比伸延到了品德方面的对比。在所有的品德中,忠诚越来越受到组织的重视,因为只有忠诚的人,才有资格成为优秀团队中的一员。

在电视剧《贞观长歌》中,大将军李靖曾问自己的爱将张宝相,大意是:作为大将,你知道最大的兵法是什么吗?张宝相回答说:是勇和智。李靖则说,勇和智那都是对敌人。对大将来说,最大的兵法那是忠。

在一个企业组织中,往往会存在四种类型的员工:一种是高能力的野马,一种是高忠诚度的狗,一种是能力和忠诚度都很低的成员,一种是能力和忠诚度都很高的主人翁。

现实的状况是:主人翁类型的人才几乎是可遇而不可求的。作为雇员来说,要么做忠诚的狗要么做高能力的野马;而对于领导来说,最现实的问题是如何配置野马和狗的工作关系。

才华横溢的野马型人才,常常是推动公司进步的原动力,没有野马型的人才,就没有企业的业绩和进步。但是,忠诚的

法则三 可贵的忠诚力

狗,却往往是维系企业日常的程序性工作的保障和基石,没有忠诚,到头来所有的业绩都将无法维系。

很多人默默无闻地为公司做了许多事,而且干得都相当不错,但是,当公司面临危机需要裁员时,他们往往又首当其冲。这是最悲哀的结局。

对于许多员工来说,获得一个职位并不是十分困难的事情,但是否能赢得公司上下普遍的尊敬就是一件没有太大把握的事情了。每一位职场中人都必须明白,获得职位并不是我们的终极目标,我们必须要成为职场中的佼佼者。

任何一位想在自己的职业生涯中取得成功的人,都应该懂得如何在工作中使自己脱颖而出,并且不让自己的努力被忽视。任何一位员工都不应让自己处于可有可无的地位,而应让自己在公司无可替代。

如何成为一个对公司和同事都非常有价值的人,即不断扩大个人的影响力呢?

微软公司起步阶段,员工基本上都是年轻人。这些人擅长研发和推销,但都在内务、管理方面缺乏耐心,谁也不重视这些方面,公司里总是乱成一团,严重影响了效率,盖茨为此十分苦恼。不过当年的盖茨也好不到哪儿去,他总是头发蓬乱、不修边幅,甚至没有一间像样的办公室。盖茨的第一任秘书是一位年轻的女大学生,她做分内的工作还算称职,但对其他事务则不闻不问。盖茨失望之余,决定再找一位全能型的女秘书。这时,露宝的简历进入了盖茨的视野,盖茨决定录用她。露宝做过文秘、档案管理员和会计等,后勤工作经验丰富,但她当时已42岁,并且是四个孩子的母亲。

在微软公司，露宝见到了 21 岁的比尔·盖茨。这个未脱孩子气的董事长给露宝留下了深刻印象，同时也让她感到肩上的担子不轻。当丈夫知道她要去微软公司上班时，提醒她要留意微软公司月底能否发得出工资。露宝没有理会这个提醒，她开始尽心尽力地为盖茨"打杂"。

上任不久，露宝就展现出缜密、细腻与周到的处事风格。很快，她就成了微软公司的后勤总管，负责发薪、记账、接订单、采购等一系列工作，把每件事都处理得井井有条。有了露宝之后，微软公司的工作变得井然有序，凝聚力也得到增强。当时，露宝的主要工作之一，是照顾盖茨的饮食起居。在露宝眼里，盖茨就是个行为怪异的大孩子。他通常中午来上班，一直工作到深更半夜。要是第二天一早有客人要见，他就干脆留在办公室里过夜。他会拉过一条毛毯盖上，然后呼呼大睡。盖茨的这一习惯也保留在出差途中，每当他困了想睡觉时，总能随手就摸到一条毛毯来，那是露宝早就为他准备好的。

露宝也会给盖茨定下一些"规矩"。当时，微软公司所在地离机场很近，只有几分钟车程，因此盖茨出差时往往会在最后时刻才赶往机场。路上为了赶时间，他总是高速超车，甚至有几次还闯了红灯。露宝为此十分担心，便要求盖茨至少留出 15 分钟的时间去机场，并且每次她都亲自督促。尽管盖茨认为这样耽误了自己的时间，但还是照着她的话去做了。

这一切看起来都是小事，但突出反映了露宝的执着与忠诚，她也成为微软公司中不可替代的人，这从后来露宝的辞职事件中可见一斑。当时，微软公司计划迁往西雅图，露宝为了照顾丈夫的事业而放弃同行。最后，盖茨和其他高管联名为露宝写了一封推荐信，高度评价了她的工作能力。凭这封推荐信，露宝找一份好工作自然不在话下。临别时，盖茨紧紧握住露宝的手，依依不舍地说："欢迎你回来，微软公司的大门将永远向你敞开！"

三年后的一个冬夜，在西雅图微软公司的办公室里，比尔·盖茨正因后勤工作不利而烦恼。这时，一个熟悉的身影出现在门口。"我回来了。"这个声音盖茨再熟悉不过了，因为那是露宝的声音。她已经说服了丈夫，举家迁至西雅图，继续为微软公司、为仍然年轻的董事长效力。

微软帝国的崛起，露宝实在是功不可没。年轻的盖茨影响了世界历史，而作为这位风云人物的秘书，露宝也获得了事业上的成功。在微软，没有人不对这位女管家满怀敬意。盖茨曾经说过，在他最艰难的创业阶段，是露宝为他扫除了很多障碍，使他能够全身心地为事业打拼。

在人才济济的微软公司，若真论起才干来，露宝或许只能算是一个平凡的中年妇女，是什么让她赢得了微软上下的信赖与尊重，从而迎来了辉煌的人生呢？是才华、是机遇，还是眼光？准确地说，应当是忠诚。

没有影响力，光靠单打独斗，个人在组织中的价值很难持续扩大。当然，影响力并不能直接跟权力画上等号。联强国际总裁杜书伍指出："公司可以给一个人职位，但不能给他来自同仁的尊敬。能力强只能从正面加分，但性格上的缺点留给别人的负面印象却会产生很大的减分效应。"

做好忠诚修炼

索尼公司有这样一条用人要求:"如果想进入公司,请拿出你的忠诚来。"这是每一个意欲进入索尼的应聘者常听到的一句话。索尼公司认为:一个不忠诚于公司的人,再有能力也不能录用,因为他可能为公司带来比能力平庸者更大的破坏。

一个人如若缺乏忠诚,其能力越高,创造的结果就越背离企业的目标。这就如同一个人跑步,如果他的目的地与终点相反,那么他的速度越快,离终点就越远。

忠诚比才能重要10倍甚至100倍。许多公司领导宁愿聘用一个才能一般,但是忠诚度高、可以信赖的员工,也不愿意接受一个极富才华和能力,但却总在盘算自己的"小九九"的人。

如果个体对组织不忠诚,他可能就不按照组织的命令去进行行为选择,将不利于组织目标的实现。如果员工之间互相猜忌、互相拆台,就有可能对企业造成伤害。如同军队打仗一样,只有上下一心,统一行动,才能取胜。如果各有各的打算,就会出现混乱的情况,也很容易被对手打败。

一个忠诚的人十分难得,一个既忠诚又有能力的人更加难得。忠诚的人无论能力大小,领导都会重用,这样的人不论走

法则三　可贵的忠诚力

到哪里都有大门向他们敞开。相反,能力很强却缺乏忠诚的人,往往会被人拒之门外。毕竟在公司中,需要依靠智慧来做出决策的大事很少,需要依靠行动来落实的小事很多。少数人需要智慧加勤奋,而多数人却需要忠诚和勤奋。

在马耳他流传着一个有关忠诚的古老故事,内容大概是这样的:

一位马耳他王子在路过一家住户时,看到住户家的一个仆人正紧紧地抱着一双拖鞋睡觉。他试图把那双拖鞋拽出来,却把仆人惊醒了。这件事给这位王子留下了很深的印象,他立即得出了结论:对小事都如此上心的人一定很忠诚,可以委以重任。所以他便安排那个仆人做自己的贴身侍卫,结果证明这位王子的判断是正确的。那个年轻人很快进入了事务处,又一步一步地当上了马耳他的军队司令。最后他的美名传遍了整个西印度群岛。

只要你真正表现出对公司足够的忠诚,你就能赢得领导的信赖。领导会乐意在你身上投资,给你提供培训的机会,提高你的技能,因为他认为你是值得他信赖和培养的。

张健是一家软件公司的工程师,在业界小有名气。2003年张健离开了该公司,准备进入一家实力更加雄厚的公司继续从事软件开发工作。由于新公司与原公司业务相关,新公司经理要求他透露一些他在原公司主持的项目的情况,但张健马上回绝了这个要求。

张健解释说:"尽管我离开了原来的公司,但我没有权利背叛它,现在和以后都是如此。"

第一次面试就这样不欢而散。出人意料的是,就在张健准

成功法则

备寻找另外的公司时,却收到了这家公司的录用通知,上面清楚地写着:"你被录用了。因为你的能力与才干,因为你有我们最需要的——自觉维护公司利益。"

作为公司的一分子,你必须清楚地认识到,你的任何行为和语言,无不关系到公司的形象和发展。

中国自古就是一个强调忠诚的国家。中国有"孝"文化,"孝"就是指下一代对上一代的忠诚与服从。说到"孝",就不得不提到另外一个重要的概念——"悌"。如果说"孝"是保证上下级之间的伦理秩序,那么"悌"所保证的就是同一层级的伦理秩序。

松下幸之助认为,一个员工的能力只要有60分就可以了,更重要的是要看他对工作是否热情,对企业是否忠诚——一个缺少热情的人,即便能力很强,工作在他手上也往往做不好;而一个不忠诚的人,能力越强,对企业来说就越危险。因此在松下公司,那些资质尚可却有热情、忠诚的员工,都能被委以合适的工作。

莎士比亚说:"忠诚你的所爱,你就会得到忠诚的爱。"恺撒大帝说:"我忠诚于我的臣民,因为我的臣民对我忠诚。"忠诚是相互的。如果缺乏对别人的忠诚,就别指望得到别人对你的忠诚。企业员工在做好能力修炼之前,首先得做好忠诚修炼,忠诚修炼比能力修炼更重要。

带着积极负责的态度去工作

一家外贸公司的领导要到美国办事,且要在一个国际性的商务会议上发表演说。他身边的几名主管忙得头晕眼花,甲负责演讲稿的草拟,乙负责拟订一份与美国公司的谈判方案,丙负责后勤工作。

在该领导出国的那天早晨,各部门主管都来送行,有人问甲:"你负责的文件打印好了没有?"

甲睁着惺忪的睡眼说道:"我昨晚熬不住就去睡了。反正我负责的文件是以英文撰写的,领导看不懂英文,在飞机上不可能看。待他上飞机后,我回公司去把文件打好,再用传真传去就可以了。"

谁知转眼之间,领导驾到,第一件事就问这位主管:"你负责准备的那份文件呢?"这位主管按他的想法回答了领导。领导闻言,脸色大变:"怎么会这样?我已计划好利用飞机上的时间,与同行的外籍顾问研究一下自己的报告,否则会白白浪费坐飞机的时间!"天哪!甲的脸上一片惨白。

到了美国后,领导与随行人员一同讨论了乙的谈判方案,整个方案既全面又有针对性,既包括了对方的背景情况,也包括了谈判中可能遇到的问题和策略,还包括如何选择谈判地点

成功法则

等十分细微的问题。乙的这份方案大大超过了领导和众人的期望，谁都没见到过这么完备而又有针对性的方案。后来的谈判虽然艰难，但因为对各种问题都有细致的准备，所以这家公司最终赢得了谈判。

一行人出差结束回到国内后，乙得到了重用，而甲却受到了领导的冷落。

真正优秀的人总比常人多走一步，这一步就是平凡与优秀的分割点。

小刘大四毕业了，进入了找工作的大军中。有一家中外合资的企业到学校招聘，小刘被招去做实习生。企业事先声明，实习期一个月，结束后，如果双方都满意，就正式签订合同。

很显然，小刘面临一个月的考验。实习期间，小刘兢兢业业地工作着，不敢有丝毫懈怠。说是工作，其实小刘的工作纯属打杂，是"社会主义一块砖，哪里需要哪里搬"。

很快，一个月的实习期就要结束了。那天，小刘被部门主管叫到办公室谈话。主管说："小刘啊，你工作很卖力，但我发现你好像并不适合做办公室工作，明天你就不用过来了。这是你这个月的薪酬，现在就可以下班了。"小刘一下子蒙了。

那一刻，小刘内心充满了困惑，也很气愤："难道我哪里做错了吗？"他想向主管问个明白，但内向的小刘还是忍住了。小刘那几天一直在整理公司的客户资料，还差最后一部分没有整理完。于是小刘说："客户资料我今天加加班就可以整理完，我还是整理好再走吧！要是让别人接着整理，会很麻烦的。"

那天，小刘加了一个小时的班才把客户资料整理好。小刘说，他这样做，并不是在向企业乞求什么，而是不愿给下一个

法则三 可贵的忠诚力

接手整理客户资料的人带来麻烦。

回到学校,室友都说小刘傻。"人家都不要你了,你干吗还要多干一个小时?"小刘苦笑着摇摇头,什么也没说。

令小刘没想到的是,第二天下午,他便接到了公司的电话,说他被正式录用了。"您不是觉得我不合适吗?"小刘问部门主管。

"不,你很合适,因为你有一颗善始善终的心,这正是一个优秀的办公室人员所必须具备的。"主管斩钉截铁地说。

已故的佛里德利·威尔森,曾经是纽约中央铁路公司的总裁。有一次,在被问到如何才能使事业成功时,他说:"一个人,不论是在挖土,还是在经营大公司,他都会认为自己的工作是一项神圣的使命。不论工作条件有多么困难,或需要多么艰苦的训练,始终带着积极负责的态度去完成。只要抱着这种态度,任何人都会成功,也一定能达到目的,实现最终目标。"

做什么事情都敷衍了事,不精益求精;在工作过程中推诿塞责,懒散消极,抱怨怀疑;以种种借口来遮掩自己的失误……这些行为是很难被企业接受的。相反,那些以工作为己任、主动承担责任的人,是任何企业都十分欢迎的,而这种人的工作动力往往就是对企业的忠诚。

忠诚是你的"私有财产"

"不能简单地把忠诚视为一种付出行为!"这是洛里·西尔弗在海军陆战队所接受的重要观念之一。因为忠诚最大的受益人是自己。

忠诚是公司的需要,是领导的需要,是同事的需要,但更是你自己的需要,你得靠忠诚立足于社会,在激烈的竞争中争得一席之地。忠诚的人工作会精益求精,忠诚的人会获取更高的薪水,忠诚的人会有更多的晋升机会,忠诚的人不必为找工作发愁……忠诚所创造的大部分价值,可能并不属于你,但忠诚所创造的好名声、好形象却完完全全属于你一个人。忠诚就像你学的知识那样,是你的"私有财产",谁也抢不走,谁也偷不走。归根结底,忠诚最大的受益人是你自己。

有个老木匠准备退休。领导对他百般挽留,奈何老木匠去意已决,最后,在领导问他是否可以帮忙再建一座房子时,老木匠没法推脱,只得答应了。但老木匠的心已不在工作上了,选料也不像以前那么严格,做出的活也全无往日水准,明显是在敷衍了事。

领导把一切都看在了眼里,但是并没有说什么,只是在房子建好后,把钥匙交给了老木匠。

法则三　可贵的忠诚力

"这是你的房子,"领导说,"我送给你的礼物。"

老木匠接过钥匙,顿时呆若木鸡。他一生盖了多少好房子,最后却为自己建了这样一座粗制滥造的房子。

生活中的一些现象会使人们产生错误观念,认为忠诚老实之人往往穷困潦倒,虚伪之人反而功成名就。持有这种观点的人,只看到了事物的表象。实际上绝非如此。

季布原来是项羽的部将,骁勇善战,经常令刘邦伤透脑筋。刘邦灭掉项羽之后,以重金悬赏季布的首级,并且颁布命令:凡是窝藏季布的人,一律诛杀全族。季布乔装一番,以奴隶的身份藏匿在侠客朱家的家中,朱家知道了实情,对他特别礼遇。有一天,朱家拜访汝阴侯夏婴说:"季布到底犯了什么滔天大罪,这么急于捉拿他?"

"季布在项羽手下为官时,常给陛下带来困扰,陛下对他深恶痛绝,所以无论如何都要捉到他。"

"您对季布的看法如何呢?"

"嗯,他是一个很伟大的人。"

"为了主君鞠躬尽瘁,是部下的职责。就因为季布曾经是忠于项羽的部属就是非杀不可吗?天下平定,陛下身为一国之君,难道要为了一己私怨而追杀过去的敌将吗?这样不是显示自己度量狭小吗?"

夏侯婴觉得有理,所以上疏汉高祖,汉高祖于是赦免季布,并且重用他。过去,季布常常受项羽的指派率领军队与刘邦对垒,并且经常让刘邦的计划受挫,这让刘邦很是难堪,因此刘邦对季布恨之入骨,可为什么最后刘邦不仅赦免了季布,还对他委以重任呢?因为季布的忠诚。

· 67 ·

成功法则

季布在项羽手下的时候,屡次为项羽立战功,因为项羽是他的"领导"。作为手下,他不仅忠于领导,也忠于自己。正因为他对项羽的忠诚,才赢得了朱家的尊敬,也赢得了汉高祖的信任。汉高祖认为,他对项羽如此忠诚,那么如果他成为自己的手下,也一定会忠于自己,况且季布是一个非常有才能之人,为什么不能重用呢?

一个人的忠诚不仅不会让他失去机会,相反,还会让他赢得机会。除此之外,他赢得的还有别人对他的尊重和敬佩。英特尔公司总裁安迪·葛洛夫应邀为加州大学伯利克分校毕业生演讲,他提出这样的建议:"不管你在哪里工作,都别把自己当成员工——应该把企业看成自己的。"很显然,以主人翁的心态对待企业,你就会成为一个值得单位领导信赖的人、一个乐于被他人雇用的人、一个可以成为领导得力助手的人。

凡林和陈猛一起来到深圳找工作,他们在一个建筑工地上找到工程承包方的领导推销自己。

领导说:"我这里目前没有适合你们的工作,你们如果愿意的话,倒可以在我的工地上干一段时间的小工,每天给你们30元钱。"无奈之下,两人同意了。

第二天,领导给他们分配了任务——把木工钉模时落在地上的钉子捡起来。小张和小林除了吃饭的半个小时外,一刻也不歇,每个人一天能捡八九斤钉子。小张暗暗算了一笔账,发现领导这样做十分不合算,根本达不到节流的目的。小张决定和领导谈一谈这个问题,但小林却极力阻止他:"还是别找领导比较好,否则我们俩就得失业。"小张没同意,他直接找到领导。

法则三 可贵的忠诚力

"领导,恕我直言,企业需要效益,表面看来,拾回落下的钉子是一件合情合理的事,但实质上它给您带来的却是负值。我老老实实地捡了几天钉子,每天最多不超过10斤。这种钉子的市场价是每斤2.5元,这样算下来,我一天能制造二十几元的价值,而您却给我30元的工资。这不光对您是损失,对我们也不公平。如果现在您算透了这笔账打算辞退我,请您直说。"

没想到,领导竟哈哈大笑起来,说:"好,小伙子,你过关了!我手头正缺一名施工员,拾钉子这笔账其实我也会算,我知道你们俩也都算出来了,我一直等着你们过来告诉我。如果一个月后没人来找我,你们都将会被辞退。企业需要效益,更需要像你这样忠心耿耿、责任心强、一心为公司谋利益的人才,我希望你留下。至于小林嘛,我只能说抱歉。"

因为你的忠诚,你主动对领导负责,加倍付出,对于这些,领导当然不会视而不见。作为回报,领导也会忠诚地对待你,这个忠诚就体现在对你的重用上。

有些东西,人们在拥有时往往不懂得珍惜,包括工作。当人们在某个组织里安安稳稳地工作时,常常忽视这份工作对他们自己生存和家人温饱的重要性,而把更多的精力放在计较工作得失和个人回报上面。他们总觉得自己付出的太多,得到的太少,总觉得别人更轻松,别人得到更多。在他们的潜意识中,拥有这份工作是理所当然的,得到越来越多的回报也是理所当然的。事实上,你能够享受快乐的人生,是因为工作给你带来稳定的收入。你自己才是忠诚最大的受益人。

比如在作战的过程中,你忠诚于你的作战小组,就有助于

成功法则

提高作战小组的战斗力，有助于减少战友的伤亡，同时你也是小组成员之一，小组战斗力强，你牺牲的概率也就大大降低了，小组减少伤亡，就等于保障了你自己的安全。自身价值的创造和实现依赖于忠诚。所以说，忠诚最大的受益人是你自己。

法则四

坚定的目标感

成功法则

养成勤奋的习惯

贪图安逸会使人堕落，无所事事会令人退化，只有勤奋工作才能给人带来真正的幸福和乐趣。可以肯定的是，升迁和奖励是不会落在玩世不恭的人身上。

世界上到处是一些看来马上就要成功的人——在很多人的眼里，他们能够并且应该成为这样或那样的非凡人物——但是，他们并没有成为真正的成功者，原因何在呢？

原因在于他们没有付出与成功相对应的代价。他们希望到达辉煌的巅峰，但不希望越过那些崎岖的山路；他们渴望赢得胜利，但不希望参加战斗；他们希望一切都一帆风顺，但不愿意面对任何阻力。

有人问寺院里的一位大师："为什么念经要敲木鱼？"

大师说："名为敲鱼，实则敲人。"

"为什么不敲鸡呀、羊呀，偏偏敲鱼呢？"

大师笑着说："鱼儿是世间最勤快的动物，整日睁着眼四处游动。这么至勤的鱼儿尚且要时时敲打，何况懒惰的人呢！"

故事虽然浅显，道理却十分深刻。

应该说，勤奋不是人类与生俱来的天性，相反，追求安逸倒是人类潜意识中共有的欲望。但无论什么人，只要长期不懈

法则四　坚定的目标感

地努力，就能养成勤奋的习惯。

在西方，勤奋被称为"使成功降临到每个人身上的信使"。

牛顿童年时生活的英国是一个等级制度森严的国家，学校里学习好的学生，可以歧视学习差的同学。有一次课间游戏，大家正玩得兴高采烈的时候，一个学习好的学生借故踢了牛顿一脚，并骂他笨蛋。牛顿的心灵受到了刺激，愤怒极了。从此，牛顿下定决心，发奋读书。他早起晚睡，争分夺秒，勤学勤思。

经过刻苦钻研，牛顿的学习成绩不断提高，不久就超过了欺侮过他的那个同学，名列班级前茅。

后来，由于家庭的原因，牛顿一度辍学去学习经商。每天一早，他就跟一个老仆人到十几里外的大镇子去做买卖。但牛顿非常不喜欢经商，他把一切事务都托付给老仆人办理，自己却偷偷跑到篱笆下读书。

一天，他正在篱笆下津津有味地读书，赶巧被过路的舅舅看见。舅舅看到这个情景，很是生气，大声责骂他不务正业，把牛顿的书抢了过去。一看他所看的是数学书，上面画着种种记号，舅舅心里十分感动。舅舅一把抱住牛顿，激动地说："孩子，就按你的志向发展吧，你的道路应该是读书。"

在舅舅的帮助下，牛顿如愿以偿地复学了。牛顿再度叩响学校的大门以后，成为一个品学兼优的学生，为他以后的科研工作打下了坚实的基础。

勤奋具有点石成金的魔力。那些出类拔萃的人物、那些将勤奋奉为金科玉律的人们，正是他们的工作使人类受益。再也没有什么比做事拖拖拉拉更能阻碍一个人的成功了——这会分散一个人的精力，消磨一个人的雄心，让人只能被动地接受命

· 73 ·

成功法则

运的安排，而不是主动地把握自己的生活。

如果你觉得自己是个天才，如果你觉得"一切都会顺理成章地得到"，那可真是天大的不幸。你应该尽快放弃这种错觉，意识到只有勤勉的工作才能使你获得自己希望得到的东西。在有助于成长的所有因素中，勤奋是最重要的。

人们的辉煌业绩和杰出成就无一例外都来自勤奋的工作，不管是文学作品还是艺术作品，不管是政治家、诗人还是商业家。

没有人可以打败自己，人都是自己打败自己的。有人说，能战胜别人的人是英雄，能战胜自己的人是圣人，看来是英雄好当圣人难做。应该说，事业不成功的人，往往不是被别人打败的，而是败在自己的手里。有好多人对自己的懒惰无可奈何，战胜不了自己的懒惰，最后只得放弃自己心爱的事业。

亚历山大征服波斯人之后，注意到波斯人生活奢靡，厌恶劳动，只讲享受，惰性十足。他说："不是我打败了波斯人，而是他们自己打败了自己，没有比懒惰和贪图享受更容易使一个民族变得奴颜婢膝的了，也没有什么比辛勤劳动的民族更高尚的了。"一个民族惰性十足，也就无可救药了；一个人惰性十足，那么这个人也就完蛋了。因为劳动创造了人类，劳动创造世界，劳动净化了灵魂。如果一个人厌恶劳动，惧怕辛苦，大脑得不到进化，就不能创造物质来供自己享用，更谈不上事业成功了。

懒惰可以毁灭一个民族，当然懒惰要毁灭一个人更是轻而易举的事。人们一旦背上懒惰的包袱，就会成为一个精神沮丧、无所事事、浑浑噩噩的人。那些生性懒惰的人不可能成为成功者，他们只是社会财富的消费者，而不是社会财富的创造者。

在现实生活中，对于那些事业成功者，你不要只看他们成功之后的辉煌。没有一个人的成功不是用劳动换来的，没有一个人的幸福不是用辛勤的汗水换来的。他们的字典里没有"懒惰"这个词，只有"勤劳"两个字。

清华大学的食堂里出了个"英语神厨"，英语过了六级，还写出了一本畅销书，走上了新的工作岗位。你想知道他是怎么成功的吗？他付出了多少艰辛啊！晚上为了多看半个小时的书，他主动承担起打扫宿舍卫生的工作，以此获得半个小时的读书时间。他只要有时间就往"英语角"跑，偷偷地混在大学生们中间，与他们用英语交流，借此提高自己的英语水平。他的成功完全是用辛苦和汗水换来的。

那些懒惰成性、游手好闲、不肯吃苦的人不是不想成功，不是不想发财致富，只是他们害怕或者不愿意付出劳动，他们是真正的懦夫。无论拥有多么美好的东西，人们只有付出相应的劳动和汗水，才能懂得这美好的东西是多么来之不易，才能从这种拥有中享受到快乐和幸福。

有谁听说过懒惰的人成就了辉煌伟业？我是没有听说过，就算天上掉下了"伟业"的馅饼，懒惰者也可能会因为起得太迟，而看着它被起得早的人捡走了。

惰性是一种隐藏在我们内心深处的东西。当我们一帆风顺的时候，我们也许看不到它，而当我们身体疲惫、精神萎靡不振或遇到困难时，它就会像恶魔一样吞噬我们的耐力，阻碍我们走向成功，所以，我们必须想办法克服它，挣脱它的束缚。

古语云：天道酬勤。所谓的"天道"，是指自然界有序运

成功法则

行的客观规律。

香港"珠宝大王"郑裕彤,出生在一个农民家庭,自幼家境贫寒,15岁时即中断学业,到香港"周大福珠宝行"当学徒。临行前,母亲叮嘱他:干活勤快,守规矩,多动手,少动口。郑裕彤牢记母亲的教诲,干活勤快又机灵。他处处留意,看老板和同事如何进行经营管理,还在业余时间观察别的商家如何经营。

一次,他去别家珠宝店观察他们的经营之道,不料回来时遇上堵车,迟到了。老板发现后,问他因何故迟到。他便据实相告。老板不相信一个小学徒还有这份心,就问:"你说说,你看出了什么名堂?"

郑裕彤不慌不忙地说:"我看人家做生意,比我们要精明。客人只要一进店,伙计们就笑脸相迎,有问必答。无论生意大小,一概客客气气;就是只看不买,也笑迎笑送。我觉得,这种礼貌周到的待客方式是最值得我们学习的。还有,店铺的门面也一定要装饰得像模像样,与贵重的珠宝相配。我看人家把钻石放在紫色的丝绒布上,让人看起来格外动心……"

郑裕彤侃侃而谈,周老板预感此子必成大器,便有意培养他。郑裕彤成年后,颇受周老板器重,周老板便将女儿嫁给他,后来干脆将生意全交给他打理。

郑裕彤接手生意后,经过一番苦心经营,"周大福珠宝行"发展成为香港最大的珠宝公司,每年进口的钻石数占全香港的30%。之后,郑裕彤又投资房地产,成为香港几大房地产大亨之一。

"勤能补拙"是一句老话,可惜愿意承认自己有些"拙"

的人不会太多，能在进入社会之初即意识到自己"拙"的人更少。大部分人都认为自己即使不是天才，至少也是个干将，相信自己接受几年的社会磨炼后，便可一飞冲天。但能在短短几年间一飞冲天的人能有几个呢？有的飞不起来，有的刚展翅就摔了下来，能真正飞起来的实在是少数中的少数。为什么呢？大多是因为磨炼不够，能力不足。

所谓的"能力"包括了专业的知识、长远的规划以及处理问题的能力，这并不是三两天就可培养起来的，但只要"勤"，就能很有效地提升你的能力。

业精于勤荒于嬉。在通往成功的路上，曲折和坎坷是难免的，而不管多么聪明的人，要想从众多道路中选一捷径，都绕不过一个"勤"字。人生中成功和幸福的获取，通常始于勤奋。

成功法则

长远的目标和专注的精神

我们大多数人都有过这样的情况：无论自己怎样努力，似乎就是做不到那么优秀；因为没有发挥自己的潜力，让大量的时间白白流失；总是被各种琐事缠身，无法专一地做自己真正想做的事情；自己有美好的生活目标，却找不到实现梦想的道路。

如果你在寻找这些问题的原因，那么就证明你不够专注。只要醒着，我们就会被各种各样的信息包围。因为可以做到专心致志的时间太少了，所以我们现在的生活状况与应该达到的高度相距甚远。

干事业要想成功，仅仅依靠拼命与努力是不够的，你还必须把有限的时间和精力用在同一把刀的打磨上，而不是磨磨这把磨磨那把，结果手里正磨着的不快，磨过的又生锈了。

要在工作和学习上取得成就，三心二意、心猿意马是最大的绊脚石。人与人相比，聪明的程度相差不是很大，但如果专心的程度不同，取得的成绩就会大不一样。做事专心的人，往往成绩卓著；而时时分心的人，终究得不到满意的结果。居里夫人在科学上取得那么大的成就，就是因为她是一个做事专心的人。

法则四 坚定的目标感

专注于某一件事情，哪怕它很小，努力做得更好，总会有不寻常的收获。有这样一位农村妇女，她没读完小学，连普通话都不太熟练。因为女儿在美国，她申请去美国工作。她到移民局提出申请时，申报的理由是"有技术特长"。移民局官员看了她的申请表，问她"技术特长是什么"，她回答"是剪纸"。她从包里拿出剪刀，轻巧地在一张彩纸上飞舞，不到三分钟，就剪出一组栩栩如生的动物图案。移民局官员连声称赞，她申请赴美的事很快就办妥了，引得旁边和她一起申请而被拒签的人一阵羡慕。

这个农村妇女没有其他的能耐，但她有一把别人都没有的剪刀。一个人没有学历，没有工作经验，但只要有一项特长，一处与众不同的地方，就可能得到社会的承认，获得其他人无法获得的东西。人要专心就能做成好多事。人的思想是了不起的，只要专注于某一件事情，就一定会做出让自己吃惊的成绩来。如果一个人专心致志地工作或学习，就说明他已经有了明确的奋斗目标，明白自己现在究竟要做什么事，不达目的，决不罢休。当一个人专心致志时，就仿佛进入了另一个世界，对周围的喧闹声、说话声充耳不闻。此外，文武之道，张弛有度，工作的时候聚精会神，休息的时候充分放松，既有利于身心健康又有助于事业成功。

互联网在近年来是一个盛产神话的地方。就像所罗门王的巨大宝藏，吸引了许多探宝者，有的满载而归，更多的是铩羽而归。在这些怀揣淘金梦的人中，有一个叫李彦宏的人吸引了人们的眼球。在1999年年底，IT行业进入了一个由盛而衰的时期，30岁的李彦宏从美国硅谷回国创业。他一心想在IT领域干

成功法则

一番事业，便将创业的方向锁定在中文搜索引擎方面。之所以有这个选择，与他在北京大学图书馆系情报学专业求学的背景，以及他后来在美国学习计算机检索方面的技术和为一家报纸做信息搜索方面的工作等经历有关。专业知识的掌握和相关工作经验的积累，都让李彦宏坚信互联网搜索将是非常有前景的。

2005年8月5日，百度在美国的纳斯达克成功上市，狂升的股价于一夜之间为百度造就了7个亿万富翁、51个千万富翁、240多个百万富翁。

直到今天，回忆起百度艰难的创业历程时，李彦宏仍用"专注"一词来概括当时的工作状态。"诱惑太多，转型做短信、网络游戏、广告的，都马上盈利了，我们选择了一条长征的路线，而且五年来一直没有变。"

工作的时候要做到心无旁骛，心思不专一，工作不可能做好。如果工作中缺乏专注的态度，就会纰漏百出，给上级留下马虎、不谨慎、不负责的不良印象，进而影响你的薪水和升迁，得不偿失。

有个叫贾金斯的美国人，无论学什么都是半途而废。他曾经废寝忘食地攻读法语，但要真正掌握法语，必须首先对古法语有透彻的了解，而没有对拉丁语的全面掌握和理解，要想学好古法语是绝不可能的。

贾金斯继而发现，学好拉丁语的唯一途径是掌握梵文，因此便一头扎进梵文的学习之中，可这就更加旷日持久了。

贾金斯从未获得过什么学位，他所受过的教育也始终没有用武之地。但他的父母为他留下了一笔本钱。他拿出10万美元投资办了一家煤气厂，经营煤气厂时他发现煤炭价钱高，于是，他以9万美元的交易价把煤气厂转让出去，和别人合伙开办起煤矿来。可这次又不走运，因为采矿机械的耗资非常巨大。因此，贾金斯把自己在煤矿的股份转让出去，获得8万美元，转入了煤矿机器制造业。从那以后，他便像一个内行的滑冰者，在有关的各种工业部门中滑进滑出，没完没了。

他恋爱过好几次，但每一次都毫无结果。他对一位姑娘一见钟情，十分坦率地向她表露了心迹。为使自己配得上她，他开始想办法提升自己的修养。他去一所星期日学校上了一个半月的课，但不久便放弃了。两年后，当他下定决心去求婚时，那位姑娘早已嫁给他人。

后来他又如痴如醉地爱上了一位迷人的、有五个妹妹的姑娘。可是，当他去姑娘家时，却喜欢上了二妹，不久又迷上了更小的妹妹，到最后一个也没谈成。

来回摇摆的人永远都不可能成功。贾金斯的处境每况愈下，越来越穷。他卖掉了最后一份股份后，便用这笔钱买了一份逐年支取的终生保障金，可是这样一来，支取的金额将会逐年减少，因此他早晚都得挨饿。

在工作、学习和生活中，要是像贾金斯一样，别指望能有成就。在我们身边，许多人都走入了误区，譬如一些大学生在校读书期间，忙着考这证考那证，证书攒了一大摞，又忙着做主持、当模特，业余职业换了一个又一个，但毕业之后却很难找到一份合适的工作。原因就是他们分散了时间和精力，没有专注于某一件事情，结果事与愿违。

坚韧不拔的斗志

无论一个人有多聪明,如果他没有坚韧不拔的品质,就不会在一个群体中脱颖而出,更不会取得成功。许多人本可以成为杰出的音乐家、艺术家、教师、律师或医生,但就是因为缺乏这种品质,最终一事无成。

有一部著名的美国电影叫《肖申克的救赎》,电影讲述的是年轻的银行家安迪因被判谋杀自己的妻子,被送往美国的肖申克监狱接受终身监禁。遭受冤屈的安迪外表看似懦弱,但内心坚定,从进监狱的那天起就下决心一定要离开这里。他在监狱里遇见了因失手杀人被判终身监禁的摩根·费曼,两人很快成为好友。肖申克监狱是当时最黑暗的监狱,典狱长安排罪犯做苦役,为自己捞了不少好处。狱警对囚犯滥用私刑,甚至将囚犯活活打死。

面对如此险恶的环境,安迪没有自甘堕落,他办监狱图书室,为囚犯播放美妙的音乐,还利用自己的知识帮助大家打理自己的财务。典狱长很快发现了安迪的特长,让他帮助自己洗黑钱、做假账。在暗无天日的牢笼中,安迪从未放弃过对自由、对美好生活的追求,他每天用一把小鹤嘴锄挖洞,然后用海报将洞口遮住。用了20年的时间,安迪才完成了地洞的开凿,成

法则四 坚定的目标感

功地逃出监狱并最终让典狱长绳之以法。

安迪在恶劣的生活环境之中,竟然能够一直朝自己的目标努力,令人非常震撼。如果一个人能用这样的毅力和忍耐力做事,想不成功也难。拥有坚韧不拔的斗志是所有伟大成功者的共同特征。他们也许在其他方面有缺陷和弱点,但是坚韧不拔的斗志是他们身上不可或缺的。任何苦难都不会使他们放弃,任何困难都不会打倒他们,任何不幸和悲伤都不会摧毁他们。在生活中最终取得胜利的往往是那些坚持到底的人,而不是那些认为自己是天才的人。

杰出的鸟类学家奥杜邦在森林中工作了许多年。一次,在他度假回来时,发现自己精心创作的200多幅极具科学价值的鸟类绘画都被老鼠破坏了。回忆起这段经历,他说:"强烈的悲伤几乎穿透我的大脑,我接连几个星期都在发烧。"但过了一段时间后,他的身体和精神都得到了一定的恢复。他又重新拿起枪,拿起背包,走向了森林深处。

坚韧不拔的斗志是一种力量,一种魅力,它可以让别人更加信任你。实际上,当你决心做这件事情时,已经成功一半了,因为人们都相信你会实现自己的目标。对于一个不畏艰难、一往无前、勇于承担责任的人来说,人们反对他、打击他都是徒劳的。

坚韧的人从不会停下来想想自己到底能不能成功。他唯一要考虑的问题就是如何前进,如何走得更远,如何接近目标。无论途中有高山、河流还是沼泽,他都会去攀登、去穿越。而所有其他方面的考虑,都是以实现这个终极目标为目的。

成功法则

歌德曾这样描述坚持的意义:"不苟且地坚持下去,严厉地驱策自己继续下去,我们之中最微小的人就是这样去做的,也很少不会达到目标。因为坚持的无声力量会随着时间而增长,一直发展到没有人能抗拒的程度。"

永远不要绝望

一个人陷入绝境的时候，通常会有两种不同的情绪：很大一部分人会产生绝望的情绪，以至于做出完全放弃甚至疯狂的行为；另有一小部分人则能做到冷静思考，想办法摆脱困境。

显然，第二类人的做法是正确的。第一类人的行为根本无助于摆脱困境，只能使自己处于更加被动的局面，对解决问题毫无帮助。

从1917年7月到10月，松下幸之助投入了所有的创业资金，却只回收了不到10日元的利润。松下幸之助并没有因首战失利而陷入颓废，相反，他还是如最初那样斗志昂扬。他的下一步计划是从产品改良着手，试图研发高性能的产品，以突破销售的窘境。

然而，产品的改良是需要资金的。此时的松下幸之助已经到了连吃饭都成问题的地步，到哪儿去筹这笔钱呢？

时间一天一天过去了，原先雄心勃勃的森田君和林伊三郎为了生计，不得不离开了松下幸之助的电器制作所。

松下幸之助会退缩吗？他会回到那个仍希望他回去工作的电灯公司吗？不，他不会。他依然默默地、苦苦地支撑着他的事业。

眼看年关快到了，那一年，大阪的冬天格外冷。松下幸之助改良新插座的计划因资金匮乏陷于停顿，照这样下来，家庭工厂在来年只有关门这条路了。但是天无绝人之路——12月的一天，松下非常意外地接到某电器商会的通知：急需1000个电风扇的底盘。对方说："时间很紧，如果你们的产品质量良好的话，每年采购两三万个都是有可能的。"

松下并不知道他们是如何找到他这家濒临倒闭的家庭小作坊的。在第二次改良插座之际，他曾去过一些电器行做市场调查，也为第二批产品的销售事先联络感情。松下只是介绍他准备推出的新型插座，压根没谈及电风扇底盘。

电风扇底盘是由川北电器行订购的。他们原来用的底盘是用陶器制作的，既笨重，又容易破损，于是才想到改用合成树脂。他们考查了好几家制造商，最后才确定松下的家庭工厂。这是因为他们认为：松下生产的插座不好用，但作为原料的合成树脂本身却没有问题；松下的家庭工厂没有正规产品，因此会全力以赴地制作电风扇底盘。为此，他们还暗地里来探查过。那时候，大阪的电器制造厂家大都规模不大，不过松下的小作坊还不算特别寒碜。

松下马上把改良插座的计划放下，全身心地投入到底盘制作中。妻子井植梅之又一次做出重大牺牲，把陪嫁首饰押到典当铺去。松下凭着这点珍贵而又可怜的资金，找模具厂定做模具。一连七天，松下都蹲在模具厂亲自监督模具的制作。

这可是千载难逢的生意，如果耽误了，就不会有接下来的合作。模具做好后，生产了六个样品送往川北电器行鉴定，他们说："可以，请立即投入批量生产，12月底先交1000个。如

法则四　坚定的目标感

果好，再订购四五千个不成问题。"

松下带着内弟井植岁男投入生产，当时的设备只有压型机和煮锅。岁男刚刚15岁，个子特别矮小，力气也小，因此，压型工作全由松下一人负责。当时的压型机还没有配动力，全靠手工，这可是件繁重的体力活，对体弱的松下来说，实在是力不从心。松下为了赶时间、出产品，并不觉得十分苦。岁男负责将成品擦亮，松下调料时他还负责蹲在地上烧火。

每天的生产数量是100个，不到月底，他们就把1000个订货交清。电器行的职员满意地说："不错不错，川北老板一定会很高兴，我们会再给业务让你们做。"

松下收到160元现金，除去模具、材料等费用，大约赚了80元钱。这是松下家庭工厂第一次盈利，他们的喜悦之情难以言表。

松下幸之助在一次演讲中谈到"永远不要绝望"这一话题时，有一位年轻的听众问如果做不到怎么办。松下幸之助斩钉截铁地回答："如果做不到的话，那就抱着绝望的心情去努力工作。"

松下幸之助所谓的"绝望的心情"，并不是一种负面的、悲观的心情，而是一种不达目的不罢休、坚忍不拔的精神。"有志者，事竟成，破釜沉舟，百二秦关终属楚；苦心人，天不负，卧薪尝胆，三千越甲可吞吴"靠的正是"抱着绝望的心情"去努力、去打拼。

成功法则

时刻保持危机意识

"危机"是什么?"危机"本为医学用语,一般指人濒临死亡、生死难料的状态,有生的可能,又有死的威胁,后来被用来形容局面不可预期、难以控制。

美国康奈尔大学做过一个有名的实验。经过精心策划安排,他们把一只青蛙突然丢进煮沸的水里,这只反应灵敏的青蛙在千钧一发的生死关头,用尽全力跃出了那势必使它葬身的开水,跳到地面上成功逃生。半小时后,他们使用一个同样大小的铁锅,这一回在锅里放满冷水,然后把那只死里逃生的青蛙放在锅里。这只青蛙在水里不时地来回游动。其间,实验人员偷偷在锅底下用炭火慢慢加热。青蛙不知所以,仍然在水中享受"温暖"。等它意识到锅中的水温已经使它承受不住,必须奋力跳出才能活命时,一切都太晚。

这个实验揭示了一个残酷无情的事实——一个人太过安逸,就会不思上进,从而失去对抗挫折的本能,当面临危险威胁的时候,毫无办法,只能乖乖屈服。

美国心理学家研究发现,居安思危、适度快乐的人往往比满足现状、高度快乐的人学历更高、经历更富有,甚至更健康。我国的古人就曾说过:"居安思危,思则有备,有备无患。"意思是，即使现在处境安全也应考虑到可能出现的危险，有了这种意识就相当于有了准备，而有了准备就可以保证在危险发生时不造成损害。

人无远虑，必有近忧。在生活中，一定要有"居安思危"的意识，这不仅能够帮我们化险为夷，还能够为我们的成功保驾护航。日本著名企业家松下幸之助在总结其企业成功的经验时，就特别强调：危机意识是使企业立于不败之地的基础。因为危机意识是成功的保险。有了危机意识，就会激励人们愤发图强，防微杜渐，避免危机发生，即使危机出现了，也会挽狂澜于既倒，扶大厦之将倾。

法则五

超强的团结力

成功法则

在竞争中依靠合作取胜

每个人都不是生活在真空里,而是生活在现实社会中。每个人都是社会中的人。社会是一个整体,它是由若干个人和团体组成的。任何人离开了团队,离开了社会,都将一事无成。任何人的成功都离不开别人的支持和帮助,离不开团队和社会的认可。一个好汉三个帮,一个篱笆三个桩,说的就是这个道理。从古至今,没有哪个人是靠单打独斗闯出天下的。任何一个极端自私、搬弄是非、卑鄙善妒的小人,都不可能被团队和社会所接受,最终都会被团队和社会无情地抛弃。正因为这个道理,我们说宽容大度是成功必备的品质。那些小肚鸡肠、心胸狭窄的人,根本成不了大事。

在现代社会里,谁脱离群体,谁就会失败;失败了还要坚持特立独行,那这个人就是个彻底的失败者了。在这个社会的大舞台上,个人的力量是渺小的,是微不足道的,而善于合作,则是使你走向成功不可或缺的重要品质。

$1+1>2$ 的道理并不难懂,可一旦运用到实践中,人们就不一定做得到了,要么不积极找人合作,要么不善于与人合作。总之,真正理解并很好地运用这个公式的人并不多。

一个叫瑞凡的小孩子跟小伙伴在废弃的铁轨上行走,看谁走得最远。结果瑞凡和朋友只走了几步就都跌了下来。

后来,瑞凡跟他的朋友在两条铁轨上手牵着手一起走,他们便可以不停地走下去而不会跌倒。这就是"合作精神"的力量。如果你帮助其他人得到了他们需要的东西,你也能因此得到自己想要的东西,而且付出的愈多,得到的愈多。

每个人都不是三头六臂,都不可能有太多的精力;你在此方面是天才,可能在另一个方面却一无所知;你在此领域呼风唤雨,却可能在另一个领域寸步难行。

一个巴掌拍不响,众人拾柴火焰高。一般而言,大凡古今中外的事业有成者,往往都是善于团结合作的好手,都是能将他人的聪明才智"集合"起来的高手,都是能将合作者的潜能充分激发出来的能手。

汉高祖刘邦在平定天下后设宴款待群臣并颇有感慨地说了一番话,翻译成现代白话文是:"运筹帷幄,决胜于千里之外,朕不如张良。治国、爱民,萧何有万全计策,朕不如萧何。统帅百万大军,百战百胜,是韩信的专长,朕也甘拜下风。但是,朕懂得与这三位天下人杰合作,所以朕能得到天下。反观项羽,连唯一的贤臣范增都团结不了,这才是他步入垓下逆境的根本原因。"

可能会有人问:我也想与人合作,但就是合作不了,原因是什么呢?

第一,与自己的私心太重有关。合作需要利益共享。有些人的私心太重,什么利益都想自己独吞(或占大头),凡涉及名利之事都想自己优先,都想将他人排斥在外,自己一点小亏都不肯吃;有些人的功利主义色彩太强,对合作者抱着实用主义的态度,用到他人时,什么都好商量,不用他人时,则将人一脚踢开。

第二,与自己不能平等待人有关。合作要基于人与人之间的平等,人与人之间的尊重。但是,有的人却不是这样,他们总是将自己看作主人,将自己的合作者看作"被恩赐者",因而有意无意地露出一副独具优越感的样子来,不懂得尊重人,缺少民主精神。在合作者面前,他总是想充当指挥者、命令者,让合作者感到很不适应,时间一长,这种合作就会面临不欢而散的结局。

第三,与自己对他人的苛求有关。有的人虽然很有能力,私心也不重,对自己的要求也很严格,但是别人就是不愿意在他手下工作。这是什么原因呢?就是因为这类人不太懂得"人非圣贤,孰能无过"的道理,往往把对自己的要求强加到合作者的身上。自己在节假日加班加点,也不让其他人休息。谁要休息,就是想偷懒,就是不好好工作,他就会进行批评指责。这类人还有一个毛病,即总是要将自己的意志强加于人,什么事情都得听他的,都必须按他的意见办,时间一长,谁能受得了?最后,一定是以合作的失败而结束。

第四,与自己性格上的毛病有关。有的人什么都好,就是太偏执,太怪僻,太凭感觉办事。对自己"中意的人",就什么事情都好说,而对那些让自己感到"别扭的人",整天板着脸,总是持一种怀疑和对抗心理去审视对方。只要是这些人提出的意见,他就从内心反感,更谈不上去共同完成,有时甚至故意找茬发难,在这种状态下怎能合作得好呢?

那么,我们应该怎样增强合作精神呢?

要与他人合作得好，就必须克服自己的私心，不能只顾自己，不顾别人，最起码要做到"利益共享"，对方该得到的就要让对方得到。

要与他人合作得长久，就要像唐代大诗人李白所说的那样："不以富贵而骄之，寒贱而忽之"，让他人感到自己也是合作项目的主人，感到很顺心。

要与他人合作得好，就必须做到不苛求合作者（当然，这并不是说无原则地一味迁就合作者），不吹毛求疵，多一点宽容忍让，做到"勿以小恶弃人大美，勿以小恶忘人大恩"，让合作者感到他工作的环境和谐、融洽，这样的合作才能牢固、长久。

要与他人合作得好，必须多为他人想一想，多帮助帮助对方，尤其是当合作者有困难时，更需及时地伸出援助之手，让对方真切地感到你在替他分忧解愁。

成功法则

以确保集体利益为首要目标

个人再完美，也就是一滴水，一个高效的团队才是大海。的确，个人与团体的关系就如水滴与大海的关系，只有把无数个人的力量凝聚在一起，才能形成难以抗拒的力量。

团队的力量是十分强大的。许许多多困难的克服和挫折的平复，必须依靠团队去实现。一个人解决不了的问题，团队可以解决；一个人无法战胜的困难，团队可以战胜。团队就是有力的支撑，团队就是取之不尽用之不竭的力量源泉。很多时候，一个团队给予一个人的帮助不仅是物质方面的，更多的是精神方面的。因此，每个员工都应该具备团队精神，融入团队，以整个团队为荣，在尽自己本分的同时与团队成员合作。

在团队合作的过程中肯定也会遇到很多意想不到的困难和问题，因此，只有树立与团队成员风雨同舟的信念，像蚂蚁军团那样有维护集体利益、为集体争光的荣誉感和使命感，才能得到真正的发展。

曾经有一位英国科学家做过这样一个实验：

他把一盘点燃的蚊香放进了蚁巢里。开始时，巢中的蚂蚁惊慌万状，四散奔逃。过了十几分钟后，便有蚂蚁主动向火冲去，喷射自己的蚁酸。一只蚂蚁能射出的蚁酸量十分有限，可

法则五　超强的团结力

是有很多"勇士"紧随其后。起初它们都不幸葬身火海，可是随着更多的蚂蚁投入了"战斗"，几分钟后"大火"被扑灭了。

过了一段时间，这位科学家又将一支点燃的蜡烛放到了那个蚁巢里。虽然这一次的"火灾"更大，但是蚂蚁吸取了上一次的经验，它们不再孤军奋战，而是抱成一团，有条不紊地作战。结果，不到一分钟，烛火便被扑灭了，而蚂蚁无一殉难。

蚂蚁在大火面前奋不顾身、团结协作的精神就是与团队成员风雨同舟的表现。

在企业发展的过程中，也会有很多"火焰山"等待我们去跨越。要跨越这些"火焰山"，单打独斗肯定行不通。特别是在知识经济时代，竞争已不再是单独的个体之间的行为，而是团队与团队之间、组织与组织之间的行为。只有团队中的每一位成员紧密合作，团队才会有更大的发展空间，个人才会在团队中充分发挥潜能。因此，任何精英人物，都要告别孤军奋战，融入团队之中，汇聚起巨大的能量，才能克服前进道路上的困难，创造惊人的奇迹。

帮助他人，强大自己

　　帮助别人就是强大自己，帮助别人也就是帮助自己，别人得到的并非是你自己失去的，就像歌中唱的那样，"人字的结构，就是相互支撑"。可惜的是，在一些人的固有的思维模式中，一直认为要帮助别人自己就要有所牺牲；别人得到了，自己就一定会失去。比如你帮助别人提了东西，你就可能耗费了自己的体力，耽误了自己的时间。其实，根本不能这样看问题，很多时候，帮助别人并不就意味着自己吃亏。如果你帮助其他人获得他们所需要的东西，你也会因此而得到这样或那样的东西，而且你帮助的人越多，你得到的越多。

　　你在个人生活和职业生活中的成功，取决于你与他人合作得如何。"合作"一词指在群体环境中普遍发生的社会关系。群体，一般被定义为一起工作以实现共同目标的一群人。群体的成员互相作用，彼此沟通，在群体中承担不同的角色，并建立群体的同一性。人们今天讲"团队精神"，说穿了就是讲个人在群体内的合作精神。

　　正如我们已经探讨过的其他人类活动所揭示的那样，有些人较之其他人是更有效的群体成员。群体的成功要涉及一系列复杂的思考和语言能力，而这些能力正是许多人所没有系统掌

法则五　超强的团结力

握或完全拥有的。那些在社交方面很成熟的人，他们极容易适应任何群体环境，能与许多不同的个体进行友好的交往，与他人和谐地、富有成效地共事，用清楚的和有说服力的观点影响着群体，有效地克服群体中其他成员的自我主义，鼓励群体成员通过有效合作、创造性地工作，并能使每一个人发扬这种精神，朝着共同的目标前进。就像丹尼尔·戈尔曼在其畅销书《情商》一书中指出的那样，这些复杂的思考、沟通和社交技能，对于在生活中取得的成果，常常比传统的智商或职业技能更加重要。

你可能对你所熟知的人取得成功的原因感到迷惑不解，因为他们似乎也不是最有知识或最聪明的，他们的成就似乎不是"你所认识的人"所能取得的。但正是因为他们具有良好的团结他人和沟通技能，再加上他们的互助精神，他们取得了人们所想象不到的成功。不过，他们具有的团结他人和沟通的技能，往往也是通过观察、实践和思考而培养出来的。

所以说，成功人士普遍认为：与他人合作比单独工作有许多好处。首先，群体成员具有不同的背景和兴趣，这可以产生多样化的观点，实际上，与他人合作可以产生出任何个人只靠自己所无法具有的创造性的思想，正所谓"三个臭皮匠，赛过诸葛亮"就是这个道理。此外，群体成员靠互相提供帮助和鼓励，每个人都能贡献出他或她独特的技能，团体的一致性和认同感激励着团体成员为实现共同的目标而努力奋斗，正是这种"团队精神"，能使每个人都能够更大限度地表现自己。俗语说得好，"人多力量大"，"众人拾柴火焰高"。一群人一起互助工作，如果全力以赴，组织有序，就能在有限的时间里取得比相

成功法则

同数量的个体更引人注目的成就。

当然，与别人合作不等于完全没有原则的迁就。世界上没有两片完全相同的树叶，每个人都是独一无二的。每个人的特殊遗传基因的组合，决定了他们有不同的生理条件；出身背景不同，所受的教育不同，人生经历不同等等，这些客观条件决定了每个人都会拥有自己不同的思想情感、性格气质、思维方式。在一个文明的社会里，只要个人的行为不妨碍社会的健康发展，不妨碍他人的生活，它应该就有存在的理由，任何人都没有权利也不能消除这种差异。因此我们不能指望得到每个人都会和我们自己的思想别无二致，也不可能与每一个人都成为知心的朋友。你自己也不可能喜欢所有的人，你可以不欣赏、不喜欢他，但就是绝对不能轻视他，他只是和你在某些方面存在不同而已，应该尊重这种不同。当然不要在与别人交往中，一味地迁就别人而丧失自己的个性。

法则五　超强的团结力

敞开胸怀拥抱畏友

不是那些整天和你"哥俩好"的,才是你最好的朋友。在你的朋友圈子里,有一种最容易被你忽略——乃至反感的人,是你应该看重的——他们叫"畏友"。

明代学者苏浚在他的《鸡鸣偶记》里曾把朋友分为四类。这四类是:"道义相砥,过失相规,畏友也;缓急可共,死生可托,密友也;甘言如饴,游戏征逐,昵友也;利而相攘,患则相倾,贼友也。"这个交友的标准虽然是根据当时社会情况提出来的,但对我们现在择友仍然不无裨益。生活里,那种见利就上、就争,见朋友遇到困难或不幸就忘义、就倾轧的"贼友",当然是不可交;那种甜言蜜语不绝于耳、吃喝玩乐不绝于行的"昵友",固然可以带来一时欢快,却难以做到贫贱相扶、患难与共,也没有必要去交。值得我们倾注热情,以心相交的是能够"缓急可共,死生可托"的"密友",是能够"道义相砥,过失相规"的"畏友"。

"缓急可共,死生可托"的"密友",可谓朋友的最高境界,这种关系犹如忠贞哺渝的爱情般可遇不可求。而那种可以在道义、学业上互相砥砺,在缺点、错误上互相规劝的"畏友",相对我们来说容易得到一些。在我们人生的路上,不乏

这样的"畏友"——可惜的是很多时候被我们自己给拒绝了。"畏友"说话有点直，不怎么夸奖你，却喜欢指出你的不足，因此我们一般不愿意和其交友。其实，"畏友"和"密友"一样，都是我们人生好质量的朋友。

唐代诗人张籍，可以说就是韩愈的畏友。韩愈才华横溢、才名四播，却不能耐心听取别人的意见，而且生活上不检点，喜欢赌博。张籍为此一再给韩愈写信，直言不讳地提出批评和忠告，终于促使韩愈认识了自己的缺点。韩愈在写给张籍的信中说："当更思而悔之耳""敢不承教"。

北宋时的苏轼和黄庭坚也是一对好友，两人以诗文闻名于当世，也常坐在一起讨论书法。有一次，苏轼说："鲁直，你近来写的字虽愈来愈清劲，不过有的地方却显得太硬瘦了，几乎像树梢挂蛇啊。"说罢笑了起来。黄庭坚回答说："师兄批评一矢中的，令人心折。不过，师兄写的字……"苏轼见黄庭坚犹豫，赶快说："你干吗吞吞吐吐，怕我吃不消吗？"黄庭坚于是大胆言道："师兄的字，铁画银钩，遒劲有力。然而有时写得有些褊浅，就像是石头压的蛤蟆。"话音刚落，两人笑得前俯后仰。正是这种互相磨砺的批评精神，使得他们的学问越来越高。

男人的一生中，如果身边有几个畏友，能即使对于自己的不足和过失进行指正、劝阻，无疑有助于加快自己的成长。

法则六

惊人的适应力

成 功 法 则

不要诅咒，去战斗！

100多年前，当有人用极其尊敬的口吻问卢梭毕业于哪所名校时，卢梭的回答出人意料且引人深思："我在学校里接受过教育，但最令我受益匪浅的学校叫'逆境'。"

原来，是逆境成就了伟大的卢梭。这也印证了一句老话：自古英雄多磨难，从来纨绔少伟男。

1975年夏天，一个18岁的农村小伙子在炸鱼时，不慎被雷管炸去了右手掌，被迫终止了学业。5年后，23岁的小伙子出门游历并拜师学画，立志要做一个画家。他怀揣几十元钱离开家乡，在外历经了两年的磨难：身无分文、无处可去的时候，曾跟街边的流浪汉睡在一起；因为衣衫褴褛，他曾经被人当成小偷抓进了收容所……他甚至一度试图以自杀来告别苦难。

这个小伙子叫谭传华，他于1995年注册了"谭木匠"商标，多年后的今天，"谭木匠"已经名声响亮，光加盟店就是有500多家。

《孟子》云："天降大任于斯人也，必先苦其心志，劳其筋骨，饿其体肤，空乏其身，行拂乱以其所为，所以动心忍性，增益其所不能。"这段文章我们在中学时代都读过，只是中学时代的我们没有多少人生的经验，并不能与作者产生强烈的共鸣。如今，回头来看，对于出身贫寒，以及正遭受磨难的人来说，孟子至少告诉了我们两点：第一，将相本无种，英雄不怕出身低。古时如此，而今亦然。第二，所有的磨难与困苦，都可以成为锻炼能力和增强心志的手段。磨难与困苦源于外界，能力与坚韧发于自身。

我们大家都有美好的梦想，都在努力地行走、奔跑，只为了获得更好的生活。然而，世界是丰富多彩的，有许多东西令人满意，也有许多东西令人厌烦。不管我们愿不愿意接受，这些都会如期而至。

当痛苦如冰雹从天而降，我们可能会自言自语："为什么受伤的总是我呢？我已经足够努力了，也足够倒霉了，为什么命运总是和我作对，这个世界真的太不公平了。"谁没有沮丧过呢？然而，如果你一味地让自己沉浸在沮丧中，就永远也无法让自己在人格上成熟起来。面对残酷的现实，弱者会诅咒，而强者选择的是战斗。诅咒有什么用呢？当西班牙人在圣胡安山燃起战火时，很多美国人开始诅咒。但一位叫伍德的上校大声呼喊："不要诅咒——去战斗！"他的呐喊伴随着手里毛瑟枪的怒吼，让西班牙人尝到了失败的滋味。

奥里森·马登说："最高贵的绅士，他能以最不可动摇的决心来选择正义的事业；他能完全抵制住最不可抗拒的诱惑；他能面带微笑地承受着最沉重的压力；他能以平静的心态来面对最猛烈的暴风雨；他能以最无畏的勇气来对付任何威胁与阻力；他能以最坚韧的个性来捍卫对真理与美德的信仰。"30岁的男人，应该如同奥里森·马登笔下的高贵绅士，具有钢铁般的意志力，一路过关斩将，成就自我。

成功法则

有一句意大利谚语是这样说的："即使水果成熟前，味道也是苦的。不经过霜打的柿子，不会变得绵软可口。"成为强者与沦为弱者的区别在于——能否有效应对逆境。人生逆境有千种，应变之道却有万种。每一种逆境都需要以高超的智慧去应对。有些逆境只不过是水烧开前的噪声，你只需要有再添一把柴的耐心就可以了；有些逆境却是十字路口的红灯，警告你不要一意孤行，这时你需要另找一条适合自己的路；还有一些逆境其实只存在于你的心中，你需要大胆地打破自设的心理牢笼。

失败不是结局,而是过程

人生在世,总会有几起几落。在我们前进的道路上,挫折和失败在所难免。

少年朋友学骑车、练游泳,往往摔跤、呛水;青年学生高考落榜,失去上大学的机会;辛勤创业者,盖起房屋却被洪水冲垮;商海弄潮儿,想赚钱反倒蚀了本;爱情出现风波,心上人移情别恋;朋友之间发生误会,友谊蒙上阴影……凡此种种,都是一种挫折和失败。只要有人类存在,就一定有挫折和失败存在。生活中陷入了逆境,也就意味着出现了棘手的问题需要我们处理。

如何面对问题?如果不能坦然面对它、接受它,就没办法放下它、处理它。而事实上,如果有问题出现,我们不应该发牢骚,而是应该设法解决。我们需要的是行动,而不是抱怨。若不能解决,我们也要面对它、接受它,绝不能逃避。逃避问题,问题依然存在,改善已出现的糟糕局面才是最明智的。

经过周密计划的行动也不一定万无一失,也会发生意料之外的情况。我们要告诉自己:任何情况的出现,都有一定的原因。遇到任何困难、艰辛、不平,都不要逃避,因为逃避不能解决问题,只有用我们的智慧和勇气把责任承担起来,才能真

正解决问题。

日本的船井先生大学毕业后,曾在几家经营公司工作过。由于他生性倔强,经常和上司产生矛盾,最后总是愤然离去。

船井先生充满自信而且有着卓越的才能,因而开始独立创业。但是,他的经营研究班开课了,可没有人来听。后来他才深切体会到,别人重视的是招牌而不是办学实力。接着,他结了婚,有了孩子,可不久妻子就突然撒手而去。抱着还在吃奶的孩子,他绝望了,感到自己已无路可走。

过了一段时间他又有机会再婚,在开朗大度的新婚妻子的支持下,研究班重新开办起来,终于取得了不错的成果。

船井先生告诫大家:"即使是经历了自己最爱的人因某些事故死亡的痛苦,也要把它想成是命中注定的、必然的或能使你转运的最佳事情。"

仔细想想就能明白,一味地悲伤是改变不了现状的,一切都不可能再回到原点,与其一味悲伤导致第二次不幸,不如振奋精神,转换思路,积极向前开拓自己的人生。除此之外没有其他可以改变现状的办法。

1945年8月,日本终于宣告投降。玛丽·布朗太太坐在位于加拿大渥太华的家中,静听一室的寂静。

几年前,她的丈夫死于车祸。接着,与她同住的母亲也因病去世。根据布朗太太的描述,其悲剧性的经历是这样的:

"当钟声和汽笛声都在宣告和平再度降临的时候,却传来我唯一的儿子达诺牺牲的消息。我已失去了丈夫和母亲,如今儿子一死,我是完全孤孤单单的了。

"孩子的葬礼结束之后,我独自走进空荡荡的屋子里。我永远也不会忘记那种空虚、无助的感觉。世界上再也没有一处地方比这儿更寂寞的了。我整个人几乎被哀伤和恐惧所占据着——我害怕今后独自一人生活，害怕生活方式将完全改变，而我最怕的，莫过于我将与悲伤共度余生。"

接下来的几个星期，布朗太太完全生活在哀伤、恐惧和无助里。她迷惑又痛苦，全然不能接受眼前发生的一切。她继续描述道："我渐渐地明白了时间会帮助我治疗伤痛，只是感到时间过得实在太慢了，因此，我必须做些事来忘记这些遭遇。我要回去工作。

"随着时间一天天过去，我逐渐对生活产生了兴趣。一天清晨，我从睡梦中醒来，忽然发现所有不幸均已成为过去，我知道今后的日子一定会变得更好。而'用头撞墙'的举止是愚蠢可笑的，是无能的表现。对于那些我无法改变的事实，时间已教会我如何面对。

"虽然整个改变过程进行得十分缓慢，不是几天或几个星期，但是，它确实已经发生了。

"现在，当我回忆起那段生活，就会感到好像一条小船在经历一场巨大的风浪后，如今又重新驶回风平浪静的海面上。"

许多人遇上类似布朗太太这样的悲剧，往往很难接受现实，可最理性的方法是面对它们、接受它们。布朗太太强迫自己接受失去家人的事实，下决心要让时间来治疗心灵的痛楚。她清楚：如果抗拒命运，就像把毒药倾倒在伤口上，让自己无法开始新的生活。

有一个方法可以让我们面对逆境——接受它。当我们的生活被不幸遭遇分割得支离破碎的时候，只有时间的手可以重新

把这些碎片捡拾起来,并抚平它的裂痕。但是我们要给时间一个机会。在刚遭受打击的时候,整个世界似乎停止了运行,我们的苦难也似乎永无止境。但无论如何,我们总得往前走。要想克服不幸为我们的生活带来的阴影,时间是我们最好的盟友,我们唯有把心灵敞开,完全接受命运,才不会沉溺在痛苦的深渊里。

命运并不偏爱任何人。我们每一个人都得经历一些苦难,正好像我们也会历经许多欢乐一样。生活本身迟早会让我们知道:无论是国王或乞丐、诗人或农夫、男人或女人,当他们面对伤痛、失落、烦恼或苦难的时候,他们所承受的折磨都是一样的。不成熟的人会表现得特别痛苦或怨天尤人,因为他们不了解,生活中的种种苦难,如生、老、病、死或其他不幸,其实都是他们必经的磨炼。

在逆境中磨炼意志

伟大的文学家高尔基在《我的大学》里说:"生活条件越是艰苦,我觉得自己越坚强,甚至聪明。我很早就明白:逆境磨炼人。"我国古代著名哲学家孟子说:"故天将降大任于斯人也,必先苦其心志,劳其筋骨,饿其体肤,空乏其身,行拂乱其所为,所以动心忍行,增益其所不能。"

"宝剑锋从磨砺出,梅花香自苦寒来"。历史上那些有作为的人,几乎都吃过苦。成功者常把苦难当成人生的必修课来钻研,心存理想,为了实现心中的目标调整好自己的心态,树立起雄心壮志,勇于面对现实。在他们看来,自己所面对的这些磨难正是别人所没有的拼搏动力与人生财富,而在人生的逆境中,唯有"咬定青山不放松",坚持自己的目标,方能洗尽铅华,苦尽甘来。

美国第十八任副总统亨利·威尔逊出生在一个贫困的家庭里。他深深地体会到,当他向母亲要一片面包,而她手中什么也没有时是什么样的滋味。

他在10岁时就离开了家,当了11年的学徒工,每年可以接受一个月的学校教育,最后,在11年的艰辛工作之后,他得到了一头牛和六只绵羊作为报酬。他把它们换成了84美元。从

成功法则

出生一直到 21 岁那年为止,他从来没有在娱乐上花过一美元,每一美元如何使用都是经过精心算计的。

在这样的困境中,威尔逊先生下定决心,不让任何一个发展自我、提升自我的机会溜走。很少有人能像他一样深刻地理解闲暇时光的价值。他像抓住黄金一样紧紧地抓住了零星的时间,不让一分一秒的时间从指缝间白白流走。

在他 21 岁之前,他已经设法读了 1000 本好书——想一想看,对一个农场里的孩子来说,这是多么艰巨的任务啊!在离开农场之后,他徒步到马萨诸塞州的内蒂克去做皮匠的学徒。他风尘仆仆地经过了波士顿,在那里他参观了邦克·希尔纪念碑和其他历史名胜。整个旅途只花费了 1.06 美元。一年之后,他在内蒂克的一个辩论俱乐部脱颖而出,成为其中的佼佼者。后来,他在议会发表了著名的反对奴隶制度的演说,此时,他来到马萨诸塞州还不到八年。

12 年之后,这位曾经的穷小子终于凭借着自己多年来不懈的努力,熬出了头,进入了国会。

人生的大成就,往往是以大苦难作为前奏的。这是因为任何称得上成就的事情都非易事,成就越大,苦难就越大。因此,著名成功学大师卡耐基说:"苦难是人生最好的教育。"古今中外大量事实说明,伟大的人格无法在平庸中形成,只有经历磨难,视野才会开阔,灵魂才会升华,人生才会走向成功。一个人如果能吃常人不能吃的苦,必然能做常人不能做的事。从这个意义上来说,能吃多大苦,就能享多大福。

松柏必须经受霜寒,才能长青;寒梅必须经得起冰雪,才能吐露芬芳。生命在苦难中茁壮,思想在苦难中成熟,意志在苦难中坚强。

可见，苦难是人生路上的一个个坎儿：迈得过去，你就成为命运的主人、人生的强者；不敢迈或迈不过去，你就成了命运的奴隶、人生的懦夫。安徒生总结自己一生的经验时说："一个人必须经历一番艰苦奋斗的生活才会有些成就。"

张爱玲说：成名要趁早。谁不想趁早呢？只是，天下有几人如张爱玲一样占据天时地利人和——既有天分，又出身名门？因此，对于我们这些小人物来说，与其天天叫嚷着"成名要趁早"，不如身体力行"吃苦要趁早"：趁自己年轻，有强健的身体来承受苦与难，让自己投身进"苦难的大学"，以免将来无力承受苦难时，在颓废中终老一生。

成功法则

忍耐是成功的第一要素

　　在时间就是金钱的现代社会里，一切讲求速度。放眼望去，人们吃的是速食面，读的是速成班，走的是捷径，渴望的是瞬间发财，以至于造成人们追逐功利、普遍短视的现象。

　　老祖宗告诉我们：鸡肉要用小火慢慢地炖，才会好吃；拜师学艺，至少要三年以上才会有所成就。可是，我们已经把这套宝贵的生活哲学遗忘了。

　　在今天，人们不再脚踏实地、按部就班，总是表现得浮躁马虎、急功近利。

　　有个小孩在草地上发现了一个蛹，他捡回家，要看蛹如何羽化成蝴蝶。

　　过了几天，蛹上出现了一道小裂缝，里面的蝴蝶挣扎了好几个小时，身体似乎被什么东西卡住了，一直出不来。

　　小孩于心不忍，心想："我必须助它一臂之力。"于是，他拿起剪刀把蛹剪开，帮助蝴蝶脱蛹而出；可是它的身躯臃肿，翅膀干瘪，根本飞不起来。

　　小孩以为几小时以后，蝴蝶的翅膀会自动舒展开来，可是他的希望落空了，一切依旧，那只蝴蝶注定只能拖着臃肿的身子与干瘪的翅膀，爬行一生，永远无法展翅飞翔。

法则六 惊人的适应力

在自然界中，每一个生命的发育过程都非常神奇。蝴蝶一定得在蛹中痛苦地挣扎，一直到它的双翅强壮了，才会破蛹而出。

忍耐是创造时机、等待机会的方法，正如拿破仑所说："战争的成败仅在最后15分钟，因为坚持到最后的才是胜利者。"这相当于我们中国人所信奉的"笑到最后的才是笑得最好的！"

每一件新事物的产生都会程度不一地给予人们久已习惯的事物和观念以极大的冲击，令人们无法接受。发明者大多遭到人们的排斥，发明之父——爱迪生也曾多次遭受讥笑、指责，但他无视这一切，依然沉醉于自己的发明之中。为了发明电灯，他试了1000种方法，每一次失败后都受到别人的冷嘲热讽，他却一笑置之。

麦当劳快餐的创始人瑞克雷先生面对失败和讥笑时表明了他的态度："继续吧！继续吧！没有任何的东西可以取代忍耐和毅力。只凭自己小聪明的人不能成功，因为聪明却不能成功的人实在太多；有天才的人也不一定能成功，因为怀才不遇的人在这个世界上也着实不少；受教育也不能取代毅力和忍耐力，在今日的社会中，不是有很多自暴自弃的人吗？只有忍耐、毅力和决心方是成功的唯一要素。"

"昨夜西风凋碧树，独上西楼，望断天涯路。"成功的道路上人们是孤独的，脚下的路必须自己走，无数日与夜的煎熬，多少怀疑和不解，都必须承受。

战国时，安陵君是楚王的宠臣。有一天，江乙对安陵君说："您没有一点土地，宫中又没有骨肉至亲，然而身居高位，接受优厚的俸禄，国人见了您无不整衣下拜，无人不愿接受您的

成功法则

指令为您效劳，这是为什么呢？"

安陵君说："这不过是大王过高地抬举我罢了。不然，哪能这样？"

江乙便指出："用钱财结交的朋友，钱财一旦用尽，交情也就断绝；靠美色交结的朋友，色衰则情移。因此狐媚的女子不等卧席被磨破，就遭遗弃；得宠的臣子不等车子坐坏，就被驱逐。如今您掌握楚国大权，却没有办法和大王深交，我暗自替您着急，觉得您处于危险之中。"

安陵君一听，如大梦初醒，方知自己其实正处于一个非常危险的境地。他恭恭敬敬地拜请江乙赐教："既然这样，请先生指点迷津。"

"希望您一定要找个机会对大王说，愿随大王一起死，以身为大王殉葬。如果您这样说了，必能长久地保住权力和地位。"

安陵君说："就依先生之见。"

但是过了三年，安陵君依然没对楚王说过这句话。江乙为此又去见安陵君：

"我教您说的那些话，至今您也不去说，既然您不用我的计谋，我就不敢再见您的面了。"言罢就要告辞。

安陵君急忙挽留，说："我怎敢忘却先生教诲，只是还没有合适的机会。"

又过了几个月，时机终于来临了。这时候楚王到云梦去打猎，1000多辆奔驰的马车连接不断，旌旗蔽日，声威十分壮观。

这时一条狂怒的野牛顺着车轮的轨迹跑过来，楚王拉弓射箭，一箭正中牛头，把野牛射死。百官和护卫欢声雷动，齐声称赞。楚王抽出带牦牛尾的旗帜，用旗杆抵住牛头，仰天大笑道："痛快啊！今天的游猎，寡人何等快活！待我万岁千秋以后，你们谁能和我共享今天的快乐呢？"

这时安陵君泪流满面地上前来说："我进宫时就与大王共席共坐，到外面时就陪伴大王乘车。大王万岁千秋之后，我希望随大王奔赴黄泉，变做褥草为大王阻挡蝼蚁，哪有比这种快乐更让我宽慰的呢？"

楚王闻听此言，深受感动，正式设坛封赏他，安陵君自此更得楚王宠信。

后来人们听到这事都说："江乙可说是善于谋划，安陵君可说是善于等待时机。"

等待时机的来临需要充分的耐心。这个过程也是进行积极准备、待条件成熟的过程，等待时机绝不等于守株待兔。《淮南子·道应》云："事者应变而动，变生于时，故知时者无常行。"

成功法则

弃卒保车

人的一生,有所得必有所失,有时为了全局利益,不得不舍弃一些局部利益,这就是所谓的"弃卒保车"。

汉高祖刘邦死后,惠帝刘盈于公元前194年继承皇位。刘盈的同父异母兄弟刘肥此前已受封为齐王,惠帝二年,刘肥进京来拜见刘盈,刘盈便以接待兄长的礼节设宴招待刘肥,还让刘肥以兄长的身份坐上座。吕太后见了非常不高兴,暗中派人在酒中投了毒药,并令刘肥举杯为自己祝寿,企图杀了刘肥。

不料,不明真相的惠帝刘盈也一同拿起斟满了酒的杯子,起身为吕太后祝寿。吕太后非常着急,赶忙抢过惠帝的酒杯把酒泼在地上。刘肥感到很奇怪,自己杯里的酒也不敢喝了,假装已经喝醉,离席而去。后来他得知那果然是毒酒,心里极为恐慌,担心自己很难活着离开长安。

这时,随行的一个内史为他出了一个脱险的计谋。内史对齐王刘肥说:"吕太后只有惠帝一个儿子和鲁元公主一个女儿。如今您作为番王,拥有大小七十多座城池,而鲁元公主仅享有几座城的食俸,吕太后心中自然不平。您如果能送给公主一座城池,太后一定会转怒为喜,那您就不必担心了。"

刘肥采用了这个计谋,马上派人告诉吕太后,他想送公主一座城池，并尊公主为王太后。果然吕太后非常高兴地应允了，并设宴款待了齐王一行，随后齐王安全地回到了齐国。

关键时刻弃城保命，当然是值得的。可见，弃卒保车，才是取胜之道。

公元712年，唐睿宗让位给李隆基，做了太上皇，李隆基即位，是为玄宗。当时太平公主密谋夺取政权，宰相崔湜等又依附于太平公主，于是尚书右仆射刘幽求与右羽林军将军张暐请求诛杀太平公主及其党羽。

刘幽求令张暐上奏玄宗说："宰相中有崔湜、岑羲，都是太平公主引荐的，他们图谋不轨，假如不及早预防，一旦发生变故，太上皇怎么能放心呢？古人说：'当断不断，反受其乱。'请陛下迅速诛杀他们。刘幽求已与我想出了一个计谋，只要陛下一声令下，我就率领禁兵一举将他们诛杀。"唐玄宗认为刘、张二人说得对，可是张暐不小心泄露了他们的计划，引起了太平公主的疑心与防备。

唐玄宗在得知计划泄露后，马上采取行动，将忠于自己的刘幽求、张暐二人捉拿，并把刘幽求流放到封州，张暐流放到丰州。

太平公主见自己的死对头悉数被唐玄宗治罪，顿时放松了警惕。一年多后，唐玄宗突然调动禁兵，把太平公主及其党羽一举诛杀。唐玄宗为奖赏刘幽求首谋之功，任命他为尚书左仆射、知军国事、监修国史，封上柱国、徐国公。唐玄宗将张、刘二人治罪，就是一种丢卒保车的策略，反正事后还可为他们免罪。

当断不断，反受其乱。事情紧急的时候，舍车保帅，舍弃局部利益以保全整个大局，不失为明智之举。如果优柔寡断，损失也许会更大。

成功法则

在美国缅因州，有一个伐木工人叫巴尼·罗伯格。一天，他独自一人开车到很远的地方去伐木。罗伯格因为站在他不该站的地方，一棵被他用电锯锯断的大树倒下时，右腿被树干死死地压住了，顿时血流不止。

面对自己伐木生涯中从未遇到过的失败和灾难，罗伯格最先考虑的就是："我现在该怎么办？"他意识到这样一个严酷的现实：方圆几十里内没有村庄和居民，10小时以内不会有人来救他，他会因为流血过多而死亡。他不能等待，必须自己救自己——他用尽全身力气往外抽腿，可怎么也抽不出来。他摸到身边的斧子，开始砍树。因为用力过猛，才砍了三四下，斧柄就断了。

罗伯格此时觉得没有希望了，不禁叹了一口气。但他克制住了痛苦和失望，又向四周望了望，发现在不远的地方放着他的电锯。他用断了的斧柄把电锯钩到身边，想用电锯将压着腿的树干锯掉。可是，他很快就发现树干是斜着的，如果锯下去，树干就会把锯条死死夹住。看来，死亡是不可避免了。

在罗伯格几乎绝望的时候，他想到了另一条路，那就是——把自己被树干压住的大腿锯掉！

这似乎是唯一可以保住性命的办法！罗伯格当机立断，毅然决然地拿起电锯锯断了被压着的大腿，然后迅速用皮带扎住断腿并爬回卡车，赶到小镇的医院。他用常人难以想象的决心和勇气拯救了自己！

人生充满变数，要想时时都顺风顺水那是不可能的，总会有一些或大或小的灾难在不经意之间与我们不期而遇。当我们身陷险境却无路可退的情况下，就要学会"舍卒保车"甚至"舍车保帅"。卒没了，有车尚不畏惧；车没了，有帅或可斡旋。

法则七

缜密的思考力

成功法则

计划周密才能稳操胜券

不论做什么事,事先有周密的谋划才能稳操胜券。

春秋时期,齐国有田开疆、古冶子、公孙捷三勇士,很得国王齐景公宠爱。三人结义为兄弟,自诩"齐国三杰"。他们挟功恃宠,横行霸道,目中无人,甚至在齐王面前也毫不收敛。乱臣陈无宇、梁邱据等乘机收买他们,企图密谋夺取政权。

相国晏婴眼见这股恶势力逐渐扩大,危害国政,不由得暗暗担忧。他明白三勇士就是奸党的王牌,因此屡次想把三人除掉,但他们正得势,如果直接行动,齐王肯定不答应,反而弄巧成拙。

有一天,邻国的鲁昭公带了司礼的大臣叔孙来谒见齐景公。景公立即设宴款待,便叫相国晏婴司礼,文武官员全体列席,以壮威仪。三勇士也奉陪左右,摆出不可一世的架势。

酒过三巡,晏婴上前奏请说:"眼下御园里的金桃熟了,难得有此盛会,可否摘来宴客?"

景公即命掌园官去摘取,晏婴却说:"金桃是难得的仙果,必须由我亲自去摘,这才显得庄重。"

金桃摘回,装在盘子里,个个鲜红多汁,十分诱人。景公问:"只有这么几个吗?"

法则七 缜密的思考力

晏婴答:"树上还有三四个未成熟的,可如今只可摘六个!"

两位大王各拿了一个吃,他们一边吃一边不停地赞赏。景公乘兴对叔孙说:"这仙桃是难得之物,叔孙大夫贤名远播,有功于邦交,赏你一个吧!"

叔孙跪下答道:"我哪里及得上贵国晏相国呢,仙桃应该赐给他才对!"

景公便说:"既然你们相让,就各赏一个!"

盘里只剩下两个金桃,晏婴请示景公如何分配后传谕两旁文武官员,让逐一报上功绩,功高者得食此桃。

勇士公孙捷挺身而出,说:"从前我跟主公在桐山打猎,亲手打死一只吊睛白额虎,替主公解除了危机,这功劳大不大呢?"

晏婴说:"保驾之功,应该受赐!"

公孙捷很快把金桃咽下肚里去,傲慢地扫视左右。古冶子不服,站起来说:"打虎有什么了不起?我在黄河的惊涛骇浪中浮沉九里,怒斩巨龟之头,救了主上性命,你看这功劳怎样?"

景公说:"真是难得,若非将军,一船人都要溺死!"说着,景公便把金桃和酒赐给他。

可是,另一位勇士田开疆却说:"本人曾奉命去攻打徐国,俘虏五百多人,逼徐国臣服,威震邻邦,使他们上表朝贡,为国家奠定盟主地位。这算不算功劳?该不该受赏?"

晏婴立刻对景公说:"田将军的功劳,确实比公孙捷和古冶子两位将军大十倍,但金桃已赐完,可否先赐一杯酒,待金桃熟时再补?"

景公安慰田开疆说:"田将军,你的功劳最大,可惜你说得太迟。"

田开疆再也听不下去了，他按剑大嚷："斩龟打虎，有什么了不起？我为国家跋涉千里，血战功成，今日却反受冷落，在两国君臣前受辱，还有什么颜面立于朝廷之上？"说完便拔剑自刎而死。

公孙捷大吃一惊，亦拔剑而出，说："我功小而得到赏赐，田将军功大反而吃不着金桃，于情于理也说不过去！"手起剑落，他也自刎了。

古冶子跳出来，激动得几乎发狂："我们三人是结拜兄弟，誓同生死，今两人已亡，我又岂可独生？"

话刚说完，人头已经落地，景公想制止也来不及了。齐国三位武夫，无论打虎斩龟，还是攻城略地，都称得上勇敢，但是只有匹夫之勇，两个桃子便了结了他们的性命。这就是历史上有名的"二桃杀三士"的故事。

晏婴可以说是一个设局的高手。他的高明在于利用两个桃子三人无法分的客观事实，不动声色地将三个武夫巧妙地置于互相竞争的局面之中，无论这三个武夫如何解决这起"金桃事件"，晏婴都始终处于一个很安全、很隐蔽的位置。晏婴经过周密谋划做了这个局，之后就可以作壁上观了。对于晏婴来说，这个局最差的结果无非是三个武夫中有一人甘愿放弃金桃而换来三人的和平相处；可以接受的结果是三个武士因分桃而彼此怨恨、心生芥蒂；而"二桃杀三士"的结果，肯定是最佳的。

从这个历史故事中，我们可以看出周密谋划的强大力量。本来是义结金兰的兄弟，只是因为处于一个特殊的局面之中，居然会做出如此令人匪夷所思的事情来。所以，在非常时期制订周密巧妙的计划，也不失为一种克敌制胜的法宝。

法则七　缜密的思考力

成功者以智谋取胜

　　从字面上解释，智的意思是智力、智慧、智能、明智等；谋的意思是预谋、计谋、谋划、谋略等。

　　一件事能否成功，往往受到人、财、物、环境等诸多条件的制约。在现实与成功之间，往往存在一段距离。为了缩短这段距离，除了要考虑较明确的现有条件和欠缺条件外，还要考虑各种难以把握的不确定因素。

　　足智多谋的人通常能做到以下三点：一是能对现有情况与条件进行正确分析与判断，二是能针对未来的不确定因素进行分析与预测，三是能找出一个好的方法把现在与未来连接起来。

　　石油大王洛克菲勒在构筑他的"石油王国"的艰难征途中，不知吞并了多少家石油公司，消灭了多少个竞争对手。他的足智多谋，让人赞叹。

　　当年湖宾铁路董事长华特森与宾夕法尼亚铁路公司董事长斯科特企图独霸铁路运输。为争取有力的外援，华特森代表斯科特专程去拜会洛克菲勒，提出了"铁路大联盟"的计划。

　　洛克菲勒一听，顿时心花怒放——机会来了！但他一向老奸巨猾，居然喜怒不形于色地与华特森密议了很久。

　　华特森回去后，向斯科特进行了详细汇报。斯科特觉得事

关重大，于是亲自出马，与洛克菲勒谈判，终于达成合作协议。

按照双方签订的秘密协定，双方将联合成立一家控股公司——"南方改良公司"。洛克菲勒答应全力支持斯科特"铁路大联盟"的构想，让所有运输石油的铁路公司联合起来，与特定的石油公司合作，从而挤垮那些竞争对手。斯科特则任由洛克菲勒来选择加入控股公司的石油企业，以便把那些被他拒之门外的石油企业一一挤垮。

于是，石油的铁路运费空前上涨，一夜之间居然提高了32倍，而洛克菲勒及其同盟者掌控的石油企业由于加入了这个大联盟，享受到运费打五折的优惠，而那些处在联盟之外的石油企业则由于无法承受高昂的铁路运费而纷纷破产，被洛克菲勒一一吞并。

对于野心勃勃的斯科特，洛克菲勒同样没有放过，只不过他先抛出了诱饵，以支持斯科特建立"铁路大联盟"的方式，让斯科特误把自己当作盟友。当洛克菲勒把竞争对手一一吞并，昔日的仇敌变成麾下猛将时，围歼斯科特的时机到了。

洛克菲勒重新建立了石油生产者联盟，向不愿提供折扣政策的铁路界宣战，一下子击中了斯科特的要害。与此同时，他拜会了铁路界中斯科特的老对手范德比尔特和古尔德，三方结成联盟，共同对付斯科特。他想办法降低生产成本，在斯科特的根据地匹茨堡地区进行规模空前的大倾销，终于迫使斯科特无路可走，乖乖投降。

洛克菲勒的计谋一个接一个，封死了斯科特的所有出路，使斯科特不得不低头认输，将旗下所有企业以340万美元转让给了洛克菲勒。洛克菲勒志得意满，整个大西洋沿岸地区的原油开采、运输都被他一手掌握，使他构筑"石油王国"的计划

法则七 缜密的思考力

又向前跨了一大步。

成功者以智谋取胜,面对现实与未来,能做出较正确的分析与判断,无论遇到何种问题都能想出合适的解决办法、方案,甚至是绝招。

那么,要以智谋取胜,应具备哪些基本素质呢?

自古有谋胜无谋,良谋胜劣谋。为什么有的人足智多谋,有的人却少智乏谋呢?做同样一件事,各有各的方法,可为什么有的人成功了,有的人却会失败了呢?

识广智方高,有了广博的知识和充足的信息,我们就能把现实与问题分析判断得更准确。这是一个人足智多谋的基础。

试想,一个军事指挥者,假若不懂地形知识,不懂带兵用兵的方法,不懂基本武器的威力及使用方法,不知敌情,怎么可能想出好的军事计策呢?

诸葛亮足智多谋,神机妙算,被看作智慧的化身。那么他的智谋来自哪里呢?——来自他丰富广博的知识和对当时形势的充分了解。

刘备三顾茅庐之前,诸葛亮隐居南阳隆中,广交天下名士,钻研各种兵书,探究天下大事,时间长达十年之久。他的《隆中对》预测了三国鼎立的局面。他辅佐刘备,转战南北,建功立业,在战争的实践中将兵法知识、天文地理知识与现实情况相结合,想出许多诸如"联吴抗曹""草船借箭""空城计"等令世人称奇的计策。

任何一个出色的计策,都是对相关知识与信息进行综合分析和判断的产物。所以,我们要想以智取胜,就必须在相关知识和信息的收集和积累上下功夫。

成功法则

细节决定成败

做事要想取得成功,需要讲究策略,注重细节。在制订策略之后,积极地付之于行动,才能把事情做好。

老子有句名言:"天下大事必作于细,天下难事必作于易。"意思是做天下的大事必须从小事开始,做天下的难事必须从容易的事做起。在现实生活中,想做大事的人很多,但愿意把小事做好做细的人却很少。其实,一心渴望成功,成功却了无踪迹;能够忍受平淡,认真做好每个细节,成功却常常不期而至。这就是细节的魅力。如果你想要做大事,就一定要记得:成也细节,败也细节。

所有的事都是由细节组成的。成功人士之所以能有杰出的成就,主要是因为他们始终注重细节。细节的竞争既是成本的竞争,工艺、创新的竞争,也是协调各个环节的能力的竞争;从某个层面上说,还是才能、才华、才干的竞争。

海尔总裁张瑞敏先生曾说:什么是不简单?把每一件简单的事情做好就是不简单。

凡是出类拔萃的青年,都能认真思考每一件寻常而又细微的小事,不肯安于"还可以"或"差不多"的状况,必求得尽善尽美。他们能在平凡的工作岗位上创造机会。他们比一般人更敏锐,更可靠,自然能吸引上级的注意,博得领导的赏识。他们每办完一件事,都能勇敢地对自己说:"对于这份工作,我已尽心尽力,可以问心无愧了。我不是做得还好,而是在我能力范围内做到了最好。对于这份工作,我能够经得起任何人的检查。"

巴尔扎克有时一星期只能写满一页稿纸,但他的声誉却远非近代的某些作家所能企及。狄更斯不到准备充分时,决不在公众前读他的作品。他们都是务求尽善尽美。然而不少人在工作上得过且过,总是借口时间不够,这是不对的。因为,其实时间足够让我们把每件事情办得更好。

有些人能够爬上高达百丈的大树,却从不到一丈的小树上失足跌了下来。攀登高处的时候,因为知道高,心里有了万全的准备,所以不容易出现疏忽;小树容易使人失去戒心,就不免大意了。

所有的意外都是由于疏忽细节造成的,而习惯性的自信却是造成这些小小疏忽的最大原因。谁又能估计世间因为"不小心"而造成的人体伤害和财产损失呢?

因疏忽而造成的大灾祸,其后果令人触目惊心!某人开车手艺不错,已有多年驾龄,但他开车时总是小动作不断,比如点根烟,换盘CD,和骑车的熟人打个招呼等。旁人说他,他不但不听,还反驳道:"我艺高人胆大,没事。"结果有一次,他开着车从一座立交桥上冲了出去,原因再平常不过:在车子急转弯的同时,他伸手去扶了一下快要倒的矿泉水瓶。

为什么有些人做事总是免不了犯错误呢?究其原因,或是由于观察得不仔细,或是由于计划得不缜密,或是因为缺少足够的理智。

细节决定了一个人的一生。著名哲学家罗素这样说:"一个人的命运就取决于某个不为人知的细节。"细节是具体的、琐碎的,如一句话、一个动作、一个微笑……细节很小,容易被人们所忽视,但它的作用不可估量。老子曰:"天下大事,必作于细。"如果把一个人比作一座大厦,那无数个细节就是构成这栋大厦的基础。

"外航招空姐,200美女遭细节秒杀"——2008年年初,一则触目惊心的新闻让山城重庆的美女们很受伤。山城重庆多美女,吸引了很多航空公司前去招聘空姐。山城的空姐也颇受业内好评。但是,在2007年年末,拟招聘60名空姐的国际航空互联会到重庆招聘时,面对200余名应聘的美女居然"痛下杀手":三关过后留下的美女只有个位数!

那些做着空姐梦的美女,为何会被"秒杀"呢?在现场,有人由父母代为拎包,有人在一旁化妆,而白发苍苍的奶奶却代替她排队。招聘主管毫不犹豫在她们的名字上画了"X":空姐是服务人员,需要别人为之服务的人,何来为他人服务的意识?一位英语过了专业八级的漂亮女硕士走进考场,在第一关中不到一分钟即被淘汰,令众多应聘者惊讶不已。考官解释:她穿着长筒靴,步伐笨重,踏得地板咔咔作响。又一位美女进场,但同样很快离去。考官说,她的确很漂亮,但不懂得微笑。另外,还有人因目光游离出局——考官认为:应聘者的眼神应温柔而自信。诸如此类的细节还有很多——考官茶杯里的水喝完了,自己起身倒水,应聘者却无人主动帮忙;地上有个纸团,应聘者熟视无睹……以上诸多看似微不足道的细节,决定了一

法则七　缜密的思考力

个女孩的空姐梦是否能够实现。

细节虽小，却在很多时候影响了一个人的成败。因此，关注细节，才能顺利地走向成功。有些人不乏聪明才智，缺的就是对"精细"的执着追求。成功不但要注重策略，还不能忽视细节。一个细节的疏忽可能导致你在竞争中失败。要想完成大事，必须注意细枝末节。细节能反映品质，细节也能决定成败。

成功法则

谨慎是把双刃剑

人生最大的风险是不敢冒险。没游过泳的人站在水边，没跳过伞的人站在机舱门口，都是越想越害怕，人处于不利境地时也是这样。治疗恐惧的最有效方法就是行动，就是毫不犹豫地去做。再聪明的人，也要有积极的行动。

一天，一个六岁的小男孩在外面玩耍时，发现了一个鸟巢被风从树上吹掉在地，从里面滚出了一只嗷嗷待哺的小麻雀。小男孩决定把它带回家喂养。当他托着鸟巢走到家门口的时候，他突然想起妈妈不允许他在家里养小动物。于是，他轻轻地把小麻雀放在门口，急忙走进屋去请求妈妈。在他的哀求下妈妈终于破例答应了。小男孩兴奋地跑到门口，不料小麻雀已经不见了，同时他看见一只黑猫正在意犹未尽地舔着嘴巴。小男孩为此伤心了很久。从此他记住了一个教训：只要是自己认定的事情，决不能优柔寡断。这个小男孩长大后成就了一番事业，他就是华裔科学家——王安博士。

有一副对联，上联为"诸葛一生唯谨慎"。诸葛亮以北伐为己任，曾亲自率兵六出祁山，与曹操、司马懿大军决战，可每次都无功而返。有一次出征，诸葛亮手下大将魏延建议："我们为什么不走子午谷？那里敌军少，出了谷口就离长安不

法则七 缜密的思考力

远了。"可一生谨慎的诸葛亮担心万一被堵在谷中,很可能就全军覆没,便否决了魏延的提议。敌军掌握了他的这一特点,子午谷几乎无兵把守。看来,在这件事上,诸葛亮的谨慎有点过了。其实,谨慎对于每个人来说,都是一把双刃剑,剑的一面是考虑周全,另一面却是犹豫不决,这把剑使用得好坏,往往会决定一个人的成败。

一位智商一流、持有大学文凭的才子决心"下海"做生意。有朋友建议他炒股票,他豪情冲天,但去证券交易大厅开户时,他犹豫道:"炒股有风险啊,等等看。"又有朋友建议他到夜校兼职讲课,他很有兴趣,但快上课时,他又犹豫了。"讲一堂课才20块钱,没有什么意思。"他很有天分,却一直在犹豫中度过。两三年了,他一直没有"下过海",碌碌无为。一天,这位"犹豫先生"到乡间探亲,路过一个苹果园,望见的都是长势喜人的苹果树。他禁不住感叹道:"上帝赐予了这个主人一块多么肥沃的土地啊!"种树人一听,对他说:"那你就来看看上帝怎样在这里耕耘吧。"

谨慎向左,犹豫向右。人生就如一幅画,上面的一草一木都需要我们自己去描绘,并且要百般小心,才不至于留下瑕疵。同时,我们只有小心谨慎去对待身边所有的人事物,才不会给自己留下遗憾。然而,"谨慎"的孪生兄弟"犹豫",却是我们人生道路上的绊脚石。犹豫不决者,遇事总是左顾右盼,迟迟难以决断。等到做出决定,机遇已经错过,成功化为泡影。

在人生的道路上,我们要面临许多的抉择,千万不要犹豫,也不要迟疑。只有当机立断,一跃而上,才有希望成功。

冲动是做人的大忌

冲动情绪是人生的一大误区，是一种心理病毒。我们每个人都免不了冲动，在生活中我们经常看见很多人为了一点很小的事情而失去理智，从而造成无法挽回的过错，这绝对是做人的大忌。

没有自由，人就如同笼里的鸟，即使是金丝笼，也断无快乐幸福可言。但追求自由的路人，请别忘了"自制"这个法宝。没有自制，必受他制。自由来自自制。

例如：每个人都有享受美食的自由，可是当这种自由无限扩张而失去控制时，就会因肥胖以及由此带来的一系列疾病而苦恼，节食和减肥就是在享受自由后不得不付出的代价。

控制自己不是一件容易的事情，因为我们每个人心中都存在着理智与情感的斗争。自我控制、自我约束也就是要求一个人按理智行事，克服追求一时情感满足的本能愿望。一个真正具有自我约束能力的人，即使在情绪非常激动时，也是能够做到这一点的。

无法自制的人难以取得卓越的成就。所有的自由背后都有严格的自制作为基础，人一旦无法控制自己的情绪、惰性、时间、金钱……那他将不得不为短暂的自由付出极大的代价。

法则八

惊人的忍耐力

成功法则

忍让搬弄是非者毫无意义

开口说话要有分寸，不能信口雌黄，不能搬弄是非。

有一个国王，他十分残暴而又刚愎自用。但他的宰相却是一个十分聪明、善良的人。国王有个理发师，常在国王面前搬弄是非，为此，宰相严厉地责备了他。从那以后，理发师便对宰相怀恨在心。

一天，理发师对国王说："尊敬的大王，请您给我几天假和一些钱，我想去天堂看望我的父母。"

昏庸的国王觉得很是新奇，便同意了，并让理发师代自己向自己的父母问好。

理发师选好日子，举行了仪式，跳进了一条河里，然后又偷偷爬上了对岸。过了几天，他趁许多人在河里洗澡的时候，探出头，说自己刚从天堂回来。

国王立即召见理发师，并问自己父母的情况。理发师谎报说：

"尊敬的国王，先王夫妇在天堂生活得很好，可再过十天就要被赶下地狱了，因为他们丢失了自己生前的行善簿，除非让宰相亲自去详细汇报一下。为了让宰相尽快到达天堂，最好让他选择火路，这样先王夫妇就可以免去地狱之灾。"

法则八　惊人的忍耐力

国王听完后，立即召见了宰相，让他去一趟天堂。

宰相听了这些胡言乱语，便知道是理发师在捣鬼，可又不好拒绝国王的命令，心想："我一定要想办法活下来，然后惩罚这个奸诈的理发师。"

第二天凌晨，宰相按照国王的吩咐，跳入一个火坑中，然后国王命人添上柴火，浇上油，顿时火光冲天。全城百姓皆为失去了正直的宰相而叹息，那个理发师也以为仇人已死，不免扬扬得意起来。

其实，宰相安然无恙，原来他早就派人在火坑旁挖了通道，他顺着通道回到了家中。

一个月后，宰相穿着一身新衣，从那个火坑中走了出来，径直走向王宫。

国王听见宰相回来了，赶紧出来迎接。

宰相对国王说："大王，先王和先王后现在没有别的什么灾难，只有一件事使先王不安，就是他的胡须已经长得拖到脚背上了，先王叫你派个老理发师去。上次那个理发师没有跟先王告别，就私自逃回来了。对了，现在水路不通了，谁也不能走水路去天堂了。"

第二天，国王让理发师躺在市中心的广场上，周围架起干柴，然后国王命人点上了火。这个搬弄是非的家伙终于得到了应有的惩罚。

理发师肯定没有想到，杀死自己的不是利剑，而是自己的"舌头"。

当那些心术不正、好搬弄是非的人欲置你于死地时，你的忍让就没有任何意义了。这时，你不妨"以其人之道，还治其

人之身",让他也尝一尝你的"舌头"的厉害。

　　但是,不到万不得已,还是要以宽容之心包容他人之过。与此同时,你要端正自己的品行,不能搬弄是非,不能恶意地中伤他人,因为搬弄是非者往往都没有好下场!

有智慧的忍辱是有所忍，有所不忍

忍辱是佛教六度中的第三度。在《遗教经》中有这样的文字："能行忍者，乃可名为有力大人。若其不能欢喜忍受恶骂之毒，如饮甘露者，不名入道智慧人也。"如此看来，似乎唯有忍受一切有理或无理的谩骂，才称得上是真正的忍辱。在《优婆塞戒经》中，修行者需要"忍"的"辱"就更多了：从饥、渴、寒、热到苦、乐、骂詈、恶口、恶事，无一不需要忍。

难道修行者必须忍受世间一切痛苦，才能获得解脱吗？

圣严法师强调忍辱在佛教修行中非常重要。佛法倡导每个修行者不仅要为个人忍，还要为众生忍。但是，所谓"忍辱"应该是有智慧的。

第一，有智慧的"忍辱"须是发自内心的。

有位青年脾气很暴躁，经常和别人打架，大家都不喜欢他。

有一天，这位青年无意中游荡到了大德寺，碰巧听到一位禅师在说法。他听完后发誓痛改前非，于是对禅师说："师父，我以后再也不跟人家打架了，免得人见人烦，就算是别人朝我脸上吐口水，我也会忍耐着擦去，默默地承受！"

禅师听了青年的话，笑着说："哎，何必呢？就让口水自己干了吧，何必擦掉呢？"

青年听后，有些惊讶，于是问禅师："那怎么可能呢？为什么要这样忍受呢？"

禅师说："这没有什么不能忍受的，虽然被吐了口水，但并不是什么侮辱，你就把这当作蚊虫之类的停在脸上，微笑着接受吧！"

青年又问："如果对方不是吐口水，而是用拳头打过来，那可怎么办呢？"

禅师回答："这不一样吗！不要太在意！这只不过一拳而已。"

青年听了，认为禅师实在是强词夺理，终于忍耐不住，忽然举起拳头，向禅师的头上打去，问道："和尚，现在怎么办？"

禅师非常关切地说："我的头硬得像石头，并没有什么感觉，但是你的手大概打痛了吧？"青年愣在那里，实在无话可说，火气消了，心有大悟。

禅师亲自示范，告诉青年"忍辱"的方式。他之所以能够坦然应对青年的无理取闹，正是因为他心中无一辱，所以青年的怒火伤不到他半根毫毛。在禅宗中，这叫作无相忍辱。这位禅师的忍辱是自愿的，他想通过这种方式感化青年，最后也确实取得了效果。生活中还有些人，面对羞辱时虽然忍住了怒火或抱怨，但内心却因此懊恼、悔恨，这种情况就不能称为"有智慧的忍辱"了。

第二，圣严法师提倡的"有智慧的忍辱"应该是趋利避害的。

所谓的"利"，应该是对他人的利、对大众的利，"害"也

法则八　惊人的忍耐力

是对他人的害、对大众的害。故事中禅师的做法就是圣严法师提倡的忍辱。禅师虽然挨了青年一拳，但青年因此受到了感化。对于禅师来说，虽然于自己无益，但对他人有益，所以这样的忍辱是有价值的。如果忍耐对双方都无损且有益的话，就更应该忍耐一下了。但也存在一种情况，忍耐可能对双方都有害而无益。一旦出现这种情况，不仅不能忍耐，还需要设法阻止。圣严法师举了这样的例子：一个人如果明知道对方是疯狗、魔头，见人就咬、逢人就杀，就不能默默忍受了，必须设法制止可能会出现的不幸。这既是对他人、对众生的慈悲，也是对对方的慈悲，因为"对方已经很不幸了，切莫让他制造更多的不幸"。

　　智者的"忍"更需要遵循圣严法师的教导，有所忍有所不忍，为他人忍，有原则地忍。

成功法则

忍无可忍，不做沉默的羔羊

在社会上，有些人总是本本分分、规规矩矩，他们在工作中任劳任怨，在生活中洁身自好，各个方面都达到了社会规范的基本要求。然而，他们总是吃亏，就算是被人欺负了，遭受了不公正的待遇还是忍气吞声，就像一只"沉默的羔羊"，他们这种逆来顺受的性格只会遭来别人的一再侵害。俄国著名作家契诃夫的一篇文章就足以说明这一点。

一天，史密斯把孩子的家庭教师尤丽娅·瓦西里耶夫娜请到他的办公室来，想结算一下工钱。

史密斯对她说："请坐，尤丽娅·瓦西里耶夫娜！让我们算算工钱吧。你也许要用钱，但你太拘泥于礼节，自己不肯开口……喏……我们和你讲妥，每月30卢布……"

"40卢布……"

"不，30……我这里有记载，我一向按30卢布付教师的工资的……喏，你待了两个月……"

"两个月零五天……"

"整两月……我这里是这样记的。这就是说，应付你60卢布……扣除九个星期日……实际上星期日你是不带柯里雅学习的，只不过是玩耍……还有三个节日……"

尤丽娅·瓦西里耶夫娜骤然涨红了脸,牵动着衣襟,但一语不发。

"三个节日一并扣除,应扣 12 卢布……柯里雅有病四天没学习……你只带瓦里雅一人学习……你牙痛三天,我内人准你午饭后休息……12 加 7 得 19,扣除……还剩……嗯……41 卢布。对吧?"

尤丽娅·瓦西里耶夫娜两眼发红,下巴在颤抖。她神经质地咳嗽起来,擤了擤鼻涕,但一语不发。

"新年底,你打碎一个带底碟的配套茶杯,扣除 2 卢布……按理茶杯的价钱应该更高,它是传家之宝……我们的财产到处丢失!而后,由于你的疏忽,柯里雅爬树撕破礼服……扣除 10 卢布……女仆盗走瓦里雅皮鞋一双,也是由于你玩忽职守,你应负一切责任,你是拿工资的嘛,所以,也就是说,再扣除 5 卢布……1 月 9 日你从我这里支取了 9 卢布……"

"我没支过……"尤丽娅·瓦西里耶夫娜嗫嚅着。

"可我这里有记载!"

"喏……那就算这样,也行。"

"41 减 26 净得 15。"

尤丽娅两眼充满泪水,小鼻子渗着汗珠,多么令人怜悯的小姑娘啊!

她用颤抖的声音说道:"有一次我只从您夫人那里支取了三卢布……再没支过……"

"是吗?这么说,我这里漏记了!从 15 卢布中再扣除……喏,这是你的钱,最可爱的姑娘,3 卢布……3 卢布……又 3 卢布……1 卢布再加 1 卢布……请收下吧!"史密斯把 12 卢布递

给了她。她接过去,喃喃地说:"谢谢。"

史密斯一跃而起,开始在屋内踱来踱去。"为什么说'谢谢'?"史密斯问。

"为了给钱……"

"可是我洗劫了你,鬼晓得,这是抢劫!实际上我偷了你的钱!为什么还说'谢谢'?"

"在别处,根本一文不给。"

"不给?怪啦!我和你开玩笑,对你的教训真是太残酷……我要把你应得的80卢布如数付给你!喏,事先已给你装好在信封里了!你为什么不抗议?为什么沉默不语?难道生在这个世界口笨嘴拙行得通吗?难道可以这样软弱吗?"

史密斯请她对自己刚才所开的玩笑给予宽恕,接着把使她大为惊疑的80卢布递给了她。她羞羞地过了一下数,就走出去了……

对于文中女主人公的遭遇,我们能用什么词汇来形容呢?懦弱?可怜?胆小?就像鲁迅先生说的:"哀其不幸,怒其不争。"生活中,如果我们无端地被单位扣了工资,我们的反应又是怎样的呢?

人活着就要学会捍卫自己的利益,该是你的你无须客气,有时"斤斤计较"并不丢脸。

法则八　惊人的忍耐力

忍一时风平浪静，忍一世一事无成

酒、色、财、气，乃人生四关。我们可以滴酒不沾，可以坐怀不乱，可以不贪钱财，却很难不生气。所以气关最难过，要想过这一关就需要学会忍。

忍什么？一要忍气，二要忍辱。气指气愤，辱指屈辱。气愤来自于生活中的不公，屈辱产生于人格上的贬低。在中国人眼里，忍耐是一种美德，是一种成熟的表现，更是一种以屈求伸的处世智慧。

"吃亏人常在，能忍者自安。"忍耐是人类适应自然选择和社会竞争的一种方式。大凡世上的无谓争端多起于小事，一时不能忍，常铸成大错，不仅伤人，而且害己，此乃匹夫之勇。凡事能忍者，不是英雄，至少也是达士；而凡事不能忍者，纵然有点愚勇，终归难成大事。人有时太愚，小气不愿咽，大祸接踵来。

忍耐并非懦弱，而是于从容之间让小事化无。

无论是民族还是个人，生存的时间越长，忍耐的功夫越深。生存在这世上，要成就一番事业，谁都难免经受一段忍辱负重的曲折历程。因此，忍辱几乎是有所作为的必然代价，能不能忍受则是伟人与凡人之间的区别。

成 功 法 则

"能忍者自安",忍耐既可明哲保身,又能以屈求伸,因此凡是胸怀大志的人都应该学会忍耐,忍耐,再忍耐。

但忍耐绝不是无止境地让步,要有一个度,超过了这个度就要学会反击。

一条大蛇危害人间,伤了不少人畜,以致农夫不敢下田耕地,商贾无法外出做买卖,大人不放心让孩子上学,到最后,每个人都不敢外出了。

大家无奈之余便到寺庙的住持那儿求救,大伙儿听说这位住持是位高僧,讲道时连顽石都会被点化,无论多凶残的野兽都能驯服。

不久之后,住持就以自己的修为驯服并教化了这条蛇。

人们发现这条蛇完全变了,甚至还有些胆怯与懦弱,于是纷纷欺侮它。有人拿竹棍打它,有人拿石头砸它,连一些顽皮的小孩都敢去逗弄它。

某日,蛇遍体鳞伤、气喘吁吁地爬到住持那儿。

"你怎么啦?"住持见到蛇这个样子,不禁大吃一惊。

"我……"大蛇一时语塞。

"别急,有话慢慢说!"住持的眼里满是关爱。

"你不是一再教导我应该与世无争,和大家和睦相处,不要做出伤害人畜的事吗?可是你看,人善被人欺,蛇善遭人戏,你的教导真的对吗?"

"唉!"住持叹了一口气后说道,"我只是要求你不要伤害人畜,并没有不让你吓唬他们啊!"

"我……"大蛇又一时语塞。

忍耐是一种智慧,但一味地忍让就成了懦弱。凡事都有一个度，把握好这个度，才是正确的处世之道。

但是，如何掌握忍让的这个度，乃是一种人生艺术和处世智慧，也是"忍"的关键。这里很难说有什么通用的尺度和准则，更多的是随着所忍之人、所忍之事、所忍之时空的不同而变化。这要求有一种根据具体环境、具体情况进行具体分析的能力。

总之，善忍需要懂得忍一时风平浪静，忍一世并不可取的道理，当忍则忍，不当忍则需要寻找解决之途！

成功法则

不必委曲求全，不必睚眦必报

人生究竟应该以德报怨，以怨报怨，还是以直报怨呢？我们的人生经验告诉我们，有的人德行不够，无论你怎么感化，恐怕他都难以修成正果。人们常说江山易改，禀性难移，如果一个人已经坏到底了，那么我们又何必把宝贵的精力浪费在他的身上呢？现代社会的生活节奏很快，我们每个人都要学会在快节奏的社会中生存，利用自己宝贵的时间做出最有价值的判断、选择。你在那里耗费半天的时间，没准儿人家还不领情呢！既然如此，就不用再做徒劳无益的事情了。

电影《肖申克的救赎》中有一句非常经典的台词："强者自救，圣人救人。"不要把自己当做一个圣人来看待，指望自己能够拯救别人的灵魂，这样做的结果多半是徒劳无益的，何不将时间用在更有价值的事情上呢？

当然，我们主张明辨是非。但是要记住，如果对方错了，要告诉他错在何处，并要求对方就其过错进行补偿。如果不辨是非，就不能确定何为"直"。"以直报怨"的"直"不仅仅有直接的意思。我们要告诉对方，你哪里错了，侵犯了我什么地方。

有人奉行"以德报怨"，你对我坏，我还是对你好，你打

法则八　惊人的忍耐力

了我的左脸，我就把右脸也凑过去，直到最终感化你；有人则相反，以怨报怨，你伤害我，我也伤害你，以毒攻毒，以恶制恶。其实，二者都有失偏颇，以德报怨，不能惩恶扬善；以怨报怨，则冤冤相报何时了？

以怨报怨，最终得到的是更多的怨气；以德报怨，除非对方真的到达一定境界，否则只会让你受到更多的伤害。其实，做人只需以直报怨，有原则地宽容待人，做到问心无愧即可。

宽容不是纵容，不要让有错误的人得寸进尺，把犯错误当成理所当然的权利，继续侵占原本属于别人的空间。面对伤害时，你不必为难，只需以直报怨就好了。不必委曲求全，也不要睚眦必报，有选择、有原则地宽容别人，于己于人都有利。

成功法则

包容不是姑息迁就

"痛打落水狗"可以理解为把事情做彻底，不留隐患。面对坏人，我们要弄清其本质，不姑息，不迁就，但不能乘人之危、落井下石。

隋大业十三年（617年），盘踞在洛阳的王世充与李密对峙。此前，王世充在兴洛仓战役中几乎被李密打得全军覆没，几乎不敢再与他交锋了。

不过，王世充很快重整旗鼓，准备与李密再决胜负。现在还有一个问题令他发愁，那就是粮食。洛阳外围的粮仓都已被李密控制，城内的粮食供应一直都非常紧张。因为常常填不饱肚子，王世充的军队每天都有人偷偷跑到李密那边去。王世充很清楚，如果粮食问题不能得到及时的解决，他想留住士兵们的一切努力终归是徒劳，更甭提什么战胜李密了。

在既无实力夺粮，又不可能从别处借粮的情况下，王世充想到了一个好主意：用李密目前最紧缺的东西去换取他的粮食。

王世充派人过去打探，回报说李密的士兵大都为衣服单薄而头痛。这就好办了！王世充欣喜若狂，当即向李密提出以衣易粮的建议。李密起初不肯，无奈邴元真等人各求私利，老是在他耳边聒噪，说什么衣服太单薄会严重影响军心等，李密不

法则八　惊人的忍耐力

得已，只好答应下来。

王世充换来了粮食，士气得到振奋，尤其士兵叛逃至李密部的现象日益减少。李密也很快察觉了这一问题，连忙下令停止交易，但为时已晚，李密无形中已替王世充养了一支精兵，也给自己增添了许多难以预想的麻烦。

后来，恢复战斗力的王世充大败李密。这时，李密才追悔莫及，当初没有"痛打落水狗"才让自己遭此命运。

明末农民军首领张献忠所向披靡，打得官军狼狈不堪。但他也因为没有"痛打落水狗"而受到了教训。

崇祯十一年（1638年），农民军遇上了劲敌，那就是作战英勇的左良玉。张献忠打着官军的旗号奔袭南阳，被明朝总兵左良玉识破，计谋失败，张献忠负伤退往湖北谷城。李自成、罗汝才、马守应、惠登相等几支农民军也相继溃败，分散于湖广、河南、江北一带，各自为战，互不配合。张献忠身陷谷城，处于官军包围之中，势单力薄，加上农民军的粮饷很难筹集，处境十分恶劣。

张献忠经过一番思考，决定利用明朝"招抚"的机会，将计就计。崇祯十一年春，张献忠得知陈洪范此时正在熊文灿手下当总兵，大喜过望，原来陈洪范曾救过张献忠一命，而熊文灿一向主张以"抚"代"剿"。于是，他马上派人携重金去拜见陈洪范，说："献忠蒙您的大恩，才得以活命，您不会忘记吧？我愿率部下归降以报答救命之恩。"陈洪范甚是惊喜，上报熊文灿，接受了张献忠的归降。

此后，张献忠虽然名义上接受"招抚"，但实际上仍然保持独立。经过一段时间休养生息之后，张献忠又于次年5月在

成功法则

谷城重举义旗，打得明朝官军措手不及。

李密在形势有利的情况下败给了王世充，从此一蹶不振；熊文灿过于轻信张献忠，把到手的胜利给丢掉了。究其原因，他们都没有拿出"痛打落水狗"的精神来，心慈手软，给对手以喘息之机。这对后人来说，实在是深刻的历史教训，应以此为鉴。

自信满满，让自己底气十足

培根说过一句话："深窥自己的心，而后发觉一切的奇迹。只有自信，才能够变成完美的自己。"你要自信满满，确定自己的价值观，避免依附别人而存在，这无疑是医治自信不足的最有效方法。

对于生活给的机会和选择，我们很多时候采取了回避甚至拒绝的态度。大多数人在抱怨上天不公的同时，也在下意识地告诉自己要放弃。缺乏自信，即是对自己人生的妨碍。

诸如此类的例子在我们身边常常出现：

比如，班级里面需要一个班长，要同学们投票选择；或者公司里有一个项目需要一个领头人或者组织者，这个时候，虽然大部分人都想毛遂自荐，但都违心地推举他人。有时，我们把这种行为看作一种谦虚的美德。可是从另一方面看，我们在主动送出一个表现自我的机会。

心理学分析，出现这种现象的原因是人们都害怕自己失败：如果我自荐去当这个班长，同学们反对怎么办？就算同学们不反对，我干不好怎么办？如果我去当这个组织者，那我是不是要承担责任？如果我做不好，让同事们取笑怎么办？……总之，人们因为害怕失败而主动放弃机会。这才是真正的心理原因。

这正说明，我们不够自信，我们不相信自己能做好，更不相信我们能够接受失败的结果，比如别人的反对和嘲笑。

黄冬冬是宁夏大学的物理系研究生，毕业后留校执教，学校内部职称评定的时候，可以获得不错的薪资和出国深造的机会，他都没把握住。

每次主任问他是否要写自荐信的时候，他都很不好意思地说："还是算了吧，我是系里最年轻的人，让给前辈们吧。"就是这一句话，让他最终错过了去德国深造的机会。

生活中，有很多黄冬冬这样的人，本身自己足够优秀，但最后总会以很多理由来推掉这些机会。

这就是我们内心不自信的表现，可是我们却以"这是一种谦让的美德"来掩饰。但其实，这只会给人生的道路上增加绊脚石。所以说，我们要学会摒弃这种不自信的心理。在摒弃之前，我们来了解一下不自信是怎么产生的。

心理学家们研究认为，造成我们缺乏自信的最大原因，其实根源在于我们的父母。是父母在潜移默化中将自己的不自信传递给了下一代，比如父母的态度、行为和举止等，这种影响非常隐蔽而又深远，甚至父母和孩子都不会察觉到。

孩子在小时候并没有形成自己完整的价值观，他们通过父母的眼睛来认识这个世界。即使父母有些行为是错误的，孩子也没办法分辨。比如说，如果父母没自信或感到自卑，作为孩子也会深受影响，认为自己应付不了家里和学校那些所谓简单的问题。孩子也会怀疑自己的能力，觉得自己不够好，不够优秀。

尤其孩子从出生到五岁这一阶段，被心理学家称为大脑的

法则八 惊人的忍耐力

"印记阶段"。在这个阶段,大脑会没有防备地接收到外部的信息,而大脑接收到的信号又会指导孩子的行为,在潜意识里影响着孩子长大后的为人处世方式。

如果在这段时期内,父母爱拿孩子和别人比较,认为孩子比不上别人,这种行为也会导致孩子自信的丧失。当父母拿孩子和兄弟姐妹或其他孩子做比较时,孩子的自卑感就会增强。慢慢地,孩子就会认为自己是无能的,是不好的,是低人一等的,时间一长,就形成了自卑的心理。

每个人在刚刚降生到这个世界的时候,都是一个纯洁无瑕的天使。这个天使会被塑造成什么样子,跟小时候别人对他的评价有很大的关系。如果他一直被说成是一个"坏孩子",那他就会做出一些坏孩子的行为。反之,如果他一直接受积极的鼓励,即使他真的有不足于别人的地方,也会培养出自信的气质。

史蒂芬·威廉·霍金是继爱因斯坦之后,世界上最著名的科学思想家和最杰出的理论物理学家,被誉为"宇宙之王"。但是他却是一个重症残疾人,在他21岁时,不幸患上了会使肌肉萎缩的"卢伽雷氏症",全身肌肉严重变形,只有三根手指可以活动。这在一般人看来,简直和植物人没什么区别。但即便是这样,他也从来没有放弃自己,而是从容接受命运的安排,并越来越坚强,越来越自信。对他来说,比起植物人,比起失去生命,活着就是上天赐予的福利。通过自身的努力,他终于得到了世人的肯定。

霍金给我们树立了正面的榜样。他的故事恰恰可以说明,一个人是否拥有自信的能量,和这个人先天的条件没有绝对的关系。你要变得胆大起来,自信起来。

法则九

超强的沟通力

成功法则

社交需要开口讲话

口头语言与书面语言不同，它是稍纵即逝的。所以历史上虽然涌现出不少口才艺术家，但当时由于没有录音设备，至今那些精彩的篇章也已烟消云散了。但自有文字记录以来，人类就开始颂扬口才的美名了。中国有句古话："听君一席话，胜读十年书。"的确，跟那些具有口才的人交谈，比喝了醇酒更令人兴奋，比上戏院或听音乐更能振奋精神。良好的话语可以带给你愉悦和欢畅，帮助你增加知识和修养，激发你的创造力，也可以增进人们感情的融洽。

历史上有作为的人，都把会说话作为必备的素质，都具有雄辩滔滔的口才。比如，古罗马共和国末期的政治家西塞罗，就是一位雄辩家。

公元前63年，西塞罗当选为执政官，遇到了以喀提林为首的阴谋集团夺取政权的事件。为揭露他们的阴谋，西塞罗在元老院接二连三发表了著名的《反对喀提林》的四篇演说。在演说中，他表现了高超的口才，把讽刺、比喻、比较等修辞手法，同简练明快、优美动人的词汇巧妙地结合起来，使演讲跌宕紧凑，犹如高山流水，欢畅清澈，雄壮有力。结果，喀提林遭到了失败。口才成功地帮助西塞罗达到了既定的政治目的。再如，

法则九　超强的沟通力

革命导师列宁在苏维埃政权的最初年代里,为了动员群众捍卫十月革命的伟大成果,巩固新生的人民政权,也曾深入工厂、农村、军队发表讲话三百多次,有效地团结了人民起来与形形色色的阶级敌人作斗争。

试想,如果一个革命家在动员群众的时候没有此种口才,相反要依靠秘书起草讲稿,然后照本宣科;或是一站到群众面前讲话,木木讷讷,牛头不对马嘴,群众会响应他的号召吗?

在我国古代,许多思想家也十分重视口才的作用,并对如何运用口才做过精辟的论述。例如,春秋时期的荀子就明确指出:"谈说之术:矜庄以莅之,端诚以处之,坚强以持之,譬称以喻之,分别以明之,欣芬芗以送之。宝之,珍之,贵之,神之,如则说常无不受。虽不说人,人莫不贵。夫是之谓能贵其所贵。"这段话是劝人们要严肃郑重地对待说话,要用正直真诚的态度谈话,既要有坚强的信心,又要用比喻的方法来启发,用分析比较的方法让人明白,要热情和善地把自己要宣讲的内容传送给对方。能如此尊重自己的讲话内容,谈说就一定会被人们接受。这就是所谓能够使自己所珍重的东西也受到人们的重视。

在现代社会中,口才这门学问对我们具有深刻的启迪作用。其重要性愈来愈明晰地呈现在人们面前,从而也加深了对它进行研究的迫切性。在这方面,从古代的埃及、巴比伦、希腊、罗马,到现在欧美各国,都一直把口才当作一门学问来看待。各级学校都开说话课,连高层的政治家也参加训练,所以现代西方人都很擅长口语的表达。而在我国,口才训练则相对要薄弱得多。

成功法则

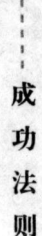

有些人以为自己将来并不想当教师，更不想当企业家、外交家，口才的学问似乎可有可无。殊不知，科学技术的突飞猛进，对人们口语表达的要求越来越高。如自动化的显著标志之一，就是人们用口语指挥机器。在现代化的社会里，学习口才这门学问已愈显迫切。既然不存在无师自通的问题，那就只有通过自己的刻苦努力去把它学懂学好。

口才在社交活动中的作用

随着社会的发展，人与人之间、个人与社会之间的关系越来越密切，社会交往成了每个人不可缺少的生活内容。在这种广泛的社会交往中，人们的口才显得尤为重要。一个会说话的人，可以恰到好处地表达出自己的意图，把道理说得很清楚、动听，使别人乐意接受。

同时，会说话的人，还可以通过交谈掌握对方的意图，加强相互间的了解，建立起良好的关系。而不会说话的人，则往往难以完全表达出自己的想法，不能与别人有效地进行沟通。难怪有人说，没有口才的人，有如发不出声的留声机，虽然在那里转动，却引不起人们的兴趣。

在一个繁忙的现代社会里，具有口才的人，必然是现代社会的活跃人物。口才是一种技能，也是一种艺术，一个人说话的能力可以代表他的实力，口才好的人往往容易被人尊重，而口才差的人则容易被人作为一项以公众为对象的活动，社交活动中口才的作用显得尤为重要。

口才在增进组织与公众交往中起着重要的纽带作用。为组织创造一种最适宜生存和发展的土壤，创造一个和睦协调的环境，是社交活动的重要目标之一。这就要求你为组织广交朋友。

而在这种以交往为职责的交友活动中，口才的作用是不可低估的。如在社交演讲中，口才可以联络与公众的感情、增进友谊、扩大社交范围；可以为社交场合营造良好的气氛，从而提高社交的质量。

在社交场合中，社交才能最高的，往往是那些被称为具有"绅士风度"的人。他们待人接物时礼貌得体，知识丰富，并且善于辞令，时而妙语连珠，时而幽默风趣。他们在任何交际场合都能给人以愉快，受人欢迎。即使发生不愉快的事，他们也能冷静自持，以适当的方式泰然处之。他们总是具有一种特殊的吸引力，并且，这种吸引力将不断地随着口才魅力而得到加强。可见，口才在社会交往中具有极其重要的作用。

口才在塑造组织形象中起着美容师的作用。为组织塑造良好的形象，是社交活动的基本任务。社会组织的良好形象是一笔无形的财富，是保证社会组织良好运行的重要条件。组织良好的形象，是建立在良好的角色定位的基础上的。形象的好坏，首先是组织自身的好坏。但是，一个各方面都很出色的组织，如果不为公众所了解，那么，它就不可能在公众中具有良好的声誉和影响。

因此，必须大力向公众宣传本组织的情况，尽量提高组织的知名度和美誉度。在这种宣传过程中，口才的作用是不可低估的。如组织的领导和员工在各种记者招待会、演讲会、午餐会、茶话会等场合，可以充分施展自己的口才，将本组织的情况巧妙地介绍给公众，从而全方位地宣传自己的组织。同时，如果具有高超的演讲口才，可以经常发表演讲以赢得公众的好感，并使公众由对组织领导和人员的高度评价，进而对这些人

法则九　超强的沟通力

员所代表的组织产生好感和敬意，这会有效地树立了组织良好的形象。

口才在一定程度上可以影响公众对组织的态度。公众对社会组织的看法或认识，决定着公众的行为，对社会组织的运行起着制约作用，因此，在社交活动中，应当通过科学调查的方法，掌握关于公众态度的资料，然后制订计划，开展以影响公众态度为目的的各种活动，把公众的态度与行为引导到理解、宽容、信任与合作的方向上来。而这些有目的的活动，许多都是离不开口才的。如为了澄清公众的模糊认识，说服公众放弃成见，鼓励公众坚定对组织的信心，可以在各种场合的演讲中，充分发挥口才的魅力和优势，去影响甚至左右公众的态度。

口才在团体沟通中起着润滑剂的作用。现代社会已越来越注重多人的合力，个人也因被纳入形形色色的团体之中而成为社会的人。因此，协调好团体之间的关系，已是个人利益能否得到保障、团体能否立足于社会、社会能否正常运转的关键。那么，如何协调好团体之间的关系呢？这就离不开口才的作用。因为口才在团体沟通中大有作为。

譬如在企业界，每个企业都有自身的利益，彼此之间在交往时肯定会有摩擦和冲突，因为谁也不会不计代价地牺牲自己的利益来成全别人的利益。但现代社会要求必须有相互的合作，甚至要结成联合体、共同体之类的新形式，才能获取更大的利益。所以，做好企业之间的沟通与合作，化解冲突，协调关系，是进行企业活动的基本功。而在这种沟通与协调中，口才起着重要的作用。

成功的有力保证。现代社会，是一个人际关系复杂、社交

· 163 ·

活动频繁的社会。一个人要想在社会上立足并干出一番事业来，没有良好的口才是不行的，因为口才如何不仅关系着社交的成功与失败，而且也关系着个人事业的成功与失败。那些著名的政治家和企业家，他们之所以能够取得惊人的成就，除了其他条件之外，也与他们的口才有直接关系。大家可以回想一下，在我们所知道的著名人物中间，有哪一位是不善表达的人？有哪一位是没有口才的人？可以肯定，在他们中间，我们根本找不出一个不具备良好口才的人来。

在社会生活中，因为具有良好的口才而改变了自己人生道路的事例，是很多很多的。有这样几个故事：

第一个故事：一个英国的失业青年，在费城的大街上踟蹰，想找一个职业糊口。有一天，他突然闯进该城巨贾鲍尔吉勃斯先生的写字楼里，请求主人用一分钟的时间接见他，容许他讲一两句话。面对这位陌生的怪客，鲍尔吉勃斯先生大感惊奇。因为他的外表太刺眼了，衣服褴褛，一副极度穷困的窘态，但精神倒是非常饱满的。也许是好奇，或者是怜悯吧，鲍尔吉勃斯先生同意了这位青年的请求。原想与他谈一两句话就把他打发走，想不到却谈了一两刻钟，甚至继续到一个钟头了，他俩的谈话还没有停止。结果呢，鲍尔吉勃斯先生立刻打电话给一个大公司经理泰勃先生，再由这位著名的金融家，邀请这位青年去午餐，并且给予他一个极重要的职务。

第二个故事：有一个人对商业广告极有研究，但由于没有职业，他的才能没有用武之地。一天，他以求职的目的去拜访一家大公司的经理。见面后，他并没有把谋职的意思说出，只是与经理谈业务。他在谈话中尽量地大谈广告对于商业的重要性及其运用方法,并举出许多有力的例证。他的巧妙言谈和丰富辞令,引起了经理的极大兴趣,结果他并没提出谋职要求,经理反而主动请他为公司试办广告设计业务。他求职的目的达到了,英雄有了用武之地。

第三个故事:有一位青年,想去应聘一家火柴厂的职位。他对此行业原是外行,但为了去应聘,事先调查了国内火柴行业的生产和市场销售情况,外国火柴在市场上的销路以及与国内厂家的竞争情形等等。在应聘时,他对此业务的丰富知识使主持者大感兴趣。在几十个应聘者当中,只有他被聘用,获得了成功。

以上三例,足以说明口才对于个人事业的重要性。试问,如果这几位谋职者没有良好的口才和丰富的知识,他们能得到重用、能有施展才能的机会吗?答案是否定的。

成功法则

认识自己的口才水平

一个人如果没有具备比较好的口才，一旦走上社会，走上了独立生活的道路，就很难在事业上、社交上以至在爱情上取得自己满意的效果。因为没有口才的人，在社会上很难受到别人的尊重，他们讲出的话，会使人感到索然无味，甚至有时会使人扫兴。

口才是一门艺术，一种技巧。我们一般人，虽然都多多少少懂得一点说话的技巧，但严格说来，都不能算是很会说话的人，都不能说已经掌握了语言艺术，有了良好的口才。

如果你有决心掌握口才艺术，那么，就请回想一下自己在日常生活中说话的经验，然后同下面的几个问题对照一下，分析一下自己究竟在哪方面还存在问题：

（1）是不是见了陌生人就觉得好像无话可说，不知该怎么办才好？

（2）是不是很难找到一个大家都有共同兴趣的谈话题材？

（3）是不是常常在无意中说些犯了别人禁忌的话？

（4）发觉自己的话使别人产生反感时，是不是不知该怎么解决才好？

（5）能不能以各种不同方式讲出自己所要讲的问题，来适应每一个不同的对象?

(6) 是不是当别人不同意自己的意见时,只会再三重复自己已经说过的话,而不去换个角度加以解释?

(7) 是不是喜欢在交谈中与别人发生争执?

(8) 谈话中,对于比你年纪大或是地位较高的人,能不能给予适宜的尊敬?

(9) 是不是与对方谈话,自己东一句西一句,没有条理且内容空洞?

(10) 交谈中若发生不愉快,是不是能够很自然地改变谈话题材?

(11) 知不知道应该在什么时候结束自己的谈话?

以上十一个问题,能全部做好的人肯定不多。你可以逐个对照检查一下,看看能做好几个,然后找出自己存在的不足,有针对性地加以纠正和提高。

一个人的良好口才不是天生的,它是在社会交往过程中逐步锻炼而成的,而自觉地克服和纠正自己在说话中的不足,也是提高语言表达能力的一条重要途径。你若想取得社交的成功,就应自觉地锻炼自己的口才。

成功法则

以"利"服人,钓鱼必须知道鱼吃什么

你是否会为他人着想,为他人做一点事呢?几乎所有脱离群体、以自我为中心的人,他们的座右铭都是"人不为己,天诛地灭"。这也就是为什么一旦有人优先考虑他人所托之事时,就会被传为美谈,备受众人的称颂和尊重。

如果能够充分理解这一点,那么想要说服他人就有如探囊取物般容易了。只要了解对方真正想追求的利益何在,进而满足他的欲望便可达到目的。

肿瘤患者放疗时,每周测一次血常规,有的患者拒绝检查,主要是因为他们没意识到这种检测的目的是保护他们。

一次,护士小王走进一个房间,说:"王大嫂,该抽血了!"

患者拒绝说:"不抽,我太瘦了,没有血,我不抽了!"

小王耐心地解释:"抽血是因为要检查骨髓的造血功能是否正常,例如,白细胞、红细胞、血小板等,血象太低了就不能继续做放疗,人会很难受,治疗也会中断。"

患者更好奇地说:"血象太低了又会怎样?"

小王说:"血象太低了,医生就会用药物使它上升,仍然可以放疗!你看,别的病友都抽了!一点点血,对你不会有什么影响的。再说还可以补回来呀。"

法则九　超强的沟通力

患者被说服了。

相信很多人都经历过，在说服或拜托别人做事情时，不管怎样劝说或恳求对方，对方总是敷衍应付、漠不关心。这时你首先要唤起对方的关注，然后再说服诱导。在推销方面，推销员为了唤起顾客的注意，并实施购买，往往是先诱导后说服。

在英国工业革命方兴未艾时，以发明发电机而闻名的法拉第，为了能够得到政府的研究资助，曾去拜访首相。

法拉第带着一个发电机的模型，滔滔不绝地讲述着这个划时代的发明。但首相的反应始终很冷淡，一副漠不关心的样子。

事实上，这也是无可奈何的事情，因为他只是一个了不起的政治家，要他看着这种周围缠着线圈的磁石模型，心里想着这将会引起后世产业结构的巨大转变，实在是太困难了。但是法拉第在说了下面这段话后，原本态度冷漠的首相突然变得非常热心起来。他说道："首相，如果这个机械将来能普及的话，必定能增加税收。"

显而易见，首相听了法拉第所说的话后，态度突然有了强烈的转变。其原因就是发动机将来一定会让资本家获得相当大的利润，而资本家利润增加必能使政府得到一笔很可观的税收，而首相关心的就在于此。

在与人交流时要考虑到对方的利益，以"利"服人是一大先决条件。但是，将这条最基本要素抛于脑后的却大有人在，他们没有满足对方最大的利益，只是一心一意想要满足自己的私欲。例如以下这个故事：

日本某酒厂研发部门的负责人成功研发了一种新水果酒，为求尽快让产品打入市场，他决定说服社长进行大量生产。

"社长，又有新的产品研发出来了。这次的产品是前所未有的新发明，绝对能畅销。连我都喜欢的东西，绝对有市场。我敢拍胸脯保证。"

"什么新产品？"

"就是这个，用梨汁酿制的白兰地。"

"什么？梨汁酿的白兰地？！那种东西谁会喝？况且喝白兰地的人本来就少，更甭说用梨汁酿的白兰地……就连我自己都不会去喝。不行！"

"请您再评估评估，我认为很可行。用梨汁酿酒本来就不多见，梨子有独特的果香，一定很适合现代人的口味。"

"嗯，我觉得还是不行。"

"我认为绝对会畅销……请您再考虑一下。"

"你怎么这样唠叨？不行就是不行。"

"好歹也要试试看啊，这是好不容易才研发出来的呀！"

"够了，滚吧！"

最后，社长终于忍不住发火。这位研发部门的负责人不仅没能说服社长，反而坏了自己的名声。

他该如何做呢？首先应充分考虑对方的利益为何，再考虑自己的利益何在，然后将两者合并起来，找出双方共有的利益所在，最后再进行劝说。先不要急着说双方没有共同的利益，一定会有的。重要的是，不要放弃，直到找出为止。

下面我们再看一个例子。"钢铁大王"卡内基实际上对钢铁制造并不太了解，那么他成功的原因是什么呢？关键就在于他知道如何统御众人。

他知道名字对一个人的重要性。当他还是个孩子的时候，

法则九　超强的沟通力

曾在田野里抓到两只兔子，他很快就替它们筑好了窝，但发现自己没有食物喂它们，就想到了一个妙计——把邻居家的小孩找来，如果他们能为兔子找到食物，就以他们的名字来为兔子命名。

这条妙计产生了意想不到的效果，因此卡内基永远也忘不了这个经验。

当卡内基与乔治·波尔曼都在争取一笔汽车生意时，这位"钢铁大王"就用到了这个经验。

当时卡内基所经营的中央能运公司正在与波尔曼的公司竞争，他们都想争夺太平洋铁路的生意，但这种互相残杀对彼此的利益都有很大的损害。当卡内基与波尔曼都要去纽约会见太平洋铁路公司的董事长时，他们在尼加拉斯旅馆碰面，卡内基说："波尔曼先生，我们不要再彼此玩弄对方了。"

波尔曼不悦地说："我不懂你的意思。"

于是，卡内基就把心里的计划说出来，希望能兼顾二者的利益，他描述了合作的好处以及竞争的缺点。波尔曼半信半疑地听着，最后问道："那么新公司要叫什么名字呢？"卡内基立刻答道："当然是叫波尔曼汽车公司啦。"

波尔曼顿时展露了笑容，说道："到我的房间来，我们好好讨论这件事。"

一个人可能会同时具有想去相信别人和并不真正相信别人的两种心态。谨慎而顽固的人多持不信任人的态度，并以这种心态来左右自己的行为。他们并不是没有相信人的意念，但他们更具有希望人家能信任他的强烈意念。对于这种人，守先为他们设计一套理由："你这么做，不但对你自己，对他人也是

· 171 ·

有帮助的。"

譬如，一位销售宝石和毛皮的人员对一个正在犹豫不决的主妇说："这些东西一定能让你更美，而你的先生也会更喜欢你。"

这句话的含意是说你这么做并非全是为了自己，也是为了你先生。她必定极乐意买下。

"你买了它们之后，若想脱手也能高价卖出。"

加上这句后，对方必定会认为她买下这些东西并非仅为她自己，也是为了家庭。

这种方法并非只适用于商场。日本古代名人丰臣秀吉有一次想没收所有农民的铁制武器，但遭到了农民的激烈反对。因为他们受过太多的欺骗，对那些统治者也早已恨透了，此时若采用强压手段必引起农民的反抗。于是他便灵机一动说："这次我要用这些没收的武器来制造寺庙里的器具，使民众可以去寺庙参拜。并且为了国家、为了全民，更需要百姓专心于耕作。"于是农民们便都心甘情愿地将武器交了出来。

在被劝说者对你缺乏信任的时候，为了实现自己的既定目标，你必须突出这样的利与得，这是说服对方可以采取的一种策略。

心理胁迫术：刚柔相济，劝诫更有效

张嘉言驻守广州时，沿海一带设有总兵、参将、游击等官职，总兵、参将麾下各有数千名士兵。

参将麾下的士兵每年汛期都要出海巡逻，而总兵麾下的士兵却借口负责海防，从来不远行。等到船只修缮、工兵不出海时，参将麾下的士兵只发给一半的军粮。为了确保修船期军粮充足，参将部下士兵的军粮每天要减少1/3的供给，以贮存起来待修船时再用。可是总兵麾下士兵的军粮却一点也不减，当修船时他们会从民间筹集经费。这种做法已沿袭很久，大家都视为理所应当。

不料，有一天，巡按将此事报告了军门，请求将总兵麾下士兵的军粮供给也减少一些，留待以后修船时再用。恰巧，这位军门和总兵之间有矛盾，于是就仓促同意削减军粮。

总兵麾下官兵听到消息后，立即哗然生变。他们知道张嘉言在朝廷中很有威信，就径直找到张嘉言。

张嘉言，命令手下人传五六个知情者到场，说明事情来龙去脉。士兵们蜂拥而上，张嘉言当即将他们喝下堂去，说："人多嘴杂，一片吵闹声，我怎么能听清你们说些什么！"士兵们这才退下。

当时正下大雨，士兵们的衣服都淋湿了，张嘉言也不顾惜，只是叫这几个人将情况详细说明。这几个人你一言我一语，都说过去从来没有扣减总兵麾下士兵军粮的先例。

张嘉言说："这件事我也听说了。你们全都不出海巡逻，这也难怪上级会削减你们的军粮。你们要想不减军粮也可以，不过那对你们来说并没有什么好处。上级从今以后会让你们和参将麾下的士兵一样出海巡逻，你们难道能不去吗？如果去了，那么你们也会同他们一样，军粮被减掉一半。如果是这样，你们为什么不听从安排呢？你们再认真考虑一下吧！"

这几个人低着头，一时无法对答，只是一个劲地说："求老爷转告军门大人，多多体恤。"

张嘉言问："你们叫什么名字？"

他们都面面相觑不敢回答。

张嘉言顿时骂道："你们不说姓名，如果军门大人问我'是谁禀告你的'，让我怎么回答？"

这几个人只好报了自己的姓名，张嘉言一一记下，然后对他们说：

"你们回去转告各位士兵，这件事我自有处置，劝他们不要闹了。否则，你们几个人的姓名都在我这儿，军门大人一定会将你们全部斩首。"

这几个人顿时吓得大惊失色，连连点头称是，退了出去。

后来，士兵们竟然再也没有闹事的。张嘉言的这招恩威并施堪称经典。

在说服他人的过程中，采用刚柔相济的劝诫之术，一方面能使别人体面地"退"，另一方面又能坚持自己的原则，使自

法则九 超强的沟通力

己的主张得到采纳，这种方法为许多事情的处理留有余地。

根据《史记·滑稽传》记载：战国时期，齐威王荒淫无度，不理国政，好为长夜之饮。上行下效，僚属们也全不干正事了，眼看国家就要灭亡。可是大家都不敢去进谏，最后只好由"长不满四尺"的淳于髡出面了。但是淳于髡并没有气势汹汹、单刀直入地对齐威王进行规谏，而是先和他搭讪聊天。

他对齐威王说："咱们齐国有一只大鸟，落在大王的屋顶上已经三年了，可是它既不飞，又不叫，大王您知道是什么原因吗？"

齐威王虽然荒淫好酒，但是他本人却和夏桀、商纣那样的坏到骨子里去的君王有着巨大的不同，所以当听到淳于髡的隐语之后，他被刺痛了并有所醒悟。他回答说："我知道。这只大鸟它不鸣则已，一鸣就要惊人；不飞则已，一飞即将冲天。你就等着看吧！"

说毕，他立即停歌罢舞，戒酒上朝，切实处理政务，严肃吏治，接见县令共72人，赏有功者1人，杀有罪者1人。他随后又领兵出征，打退要来侵犯齐国的各路诸侯，夺回被别国侵占去的所有国土，齐国很快又强盛起来了。

淳于髡并没有以尖锐的语言来进行劝谏，而是避开话锋，柔声细语中又带有一丝强硬与责备，这样对方很容易主动接受建议。

刚柔相济的方法还可以以两人合作的形式来实施。

一位深受喜爱的作家的很多作品都被拍成电影，好多人都曾在影院看过经他的原著改编的影片，影院场场爆满，观众不时为新颖奇妙的故事鼓掌喝彩。影片中最吸引人的是警员审讯

成功法则

犯人的场景：警员声色俱厉地威胁、恐吓犯人，把他逼到山穷水尽的困境，这时又一位陪审的警员出场，他态度十分温和，对罪犯表示信任和理解。

首先罪犯由进攻型的警员来审问，以凌厉的攻势摧毁对方的意志，向他说明警方已掌握了确凿的罪证、他的同伙都招供了等，把他逼到进退两难的边缘。接受了这样的审讯后，有的人会屈服，而顽固的罪犯则会死不认罪。

这种情况下，再派另一位温和型的警员审问他。警员完全站到罪犯的立场上，真心地安慰他、鼓励他，如"你的家人都希望你能得到宽大处理，你要为他们考虑"等。面对这种软招，罪犯往往会自惭形秽，坦白自己的一切犯罪行为。

无论是在影片中还是在现实生活中，使用这种技巧，罪犯十有八九会坦白认罪的。

这是一种奇异的心理学方法，又称"缓解交代法"。由温和型和讲论型的人合作，一方首先把对方逼到心理防线崩溃的境地，这时另一个人再出来给他指出一条路。这种情况下，对方会自然地奔向那条可以脱身的路。

换个角度说话让对方心悦诚服

说服他人做什么事可以根本不用面对面提出你的意愿，也不用说得明白无误，采用一种旁敲侧击的方法有时候更奏效。

公元前636年，在外流浪19年的晋公子重耳，在秦穆公的帮助支持下，就要回国为王了。

渡河之际，壶叔把他们流亡时的旧席破帷当宝贝似的搬上船，一件也不舍得丢掉。重耳一看，哈哈大笑，说自己就要回国为王了，还要这些破烂干什么？他命令将这些东西全部抛弃。狐偃对重耳这种未得富贵先忘贫贱的言行非常反感，担心以后重耳会像抛弃破烂一样，把他们这些陪伴他长期流浪的旧臣也统统抛弃。

于是，他当即向重耳表示，他愿意继续留在秦国，因为在外奔波了19年，自己现在心力交瘁，已经像刚才重耳丢弃的旧席破帷一样无法继续发挥价值，回去也没有什么用处了。

重耳一听便明白了狐偃的意思，马上做了自我批评，并让壶叔把东西一一捡回，表示返回国后，一定不会忘掉狐偃的功劳和苦劳，要狐偃和他同心同德，治理晋国。

在对别人进行劝说时，往往不能直截了当地指出对方的意见和观点是错误的，这时若能旁敲侧击，会更容易被对方所

接受。

著名的出版业巨人哈斯特是从创办报纸起家的，经过几年的奋斗，他拥有了23种报纸和12种杂志。一次，这位杰出的人物遇到了一件令人烦恼的事情：著名的漫画家纳斯特为他绘制了一幅令他大失所望的漫画。

哈斯特觉得这样可不行，一定要想办法让他重画一幅令人满意的漫画才行，可是怎样才能让那位著名的漫画家同意不采用最初的作品呢？而且，这样一来，他一定会有受挫感，怎样才能让他愉快地重画呢？

当天晚上，大家一起共进晚餐的时候，哈斯特故意对那幅失败的作品好好地赞赏了一番，他表示："本地的电车时常让许多小孩子不慎伤亡。有的时候，驾驶电车的司机看上去简直不像活人，倒像个死人。照我自己看来，那些人好像看着孩子们在街上玩耍，却毫无顾忌地冲上前去。"这时，纳斯特激动地一跃而起，惊奇地说道："老天！哈斯特先生，这个场景足以画出一张让人震撼的图画来啊！你把我那张画作废吧，我给你重新画一张更出色的。"就这样，纳斯特异常激动地待在旅馆里，连夜创作漫画，第二天果然就送来了一幅异常深刻的漫画。

精明的哈斯特诱使纳斯特主动提出将自己的画作废，并自愿加班创作一幅新的漫画，是因为哈斯特利用暗示来将看似突发奇想的灵感不着痕迹地移植到了纳斯特的心里，以致纳斯特兴致勃勃地完成了一幅新的杰作。

对于有抵触情绪的人进行正面说服虽然能够表达说服者的诚心，却不能达到解除对方抵触的目的，而如果在形式上加以

法则九 超强的沟通力

改变,却能达到正面说服所不能达到的效果。

那是在第二次世界大战末期,美军付出很大代价攻克了太平洋上的一座日占岛屿。最后的十几名日本士兵退到一个山洞里。无论洞外的美军怎么喊话,他们都拒不缴枪,并拼命朝外射击。美军此时真是无可奈何。忽然有位美国兵灵机一动,半开玩笑式地向洞里的日本兵做出一个许诺:如果投降,就让他们去好莱坞一游,看一看演员们的风采。没想到这句话产生了意想不到的效果。枪声停止了,那些刚才还在顽强抵抗的日本兵一个个爬出了洞穴,缴枪投降了。最后,美军司令部为了维护信誉,竟真的安排这些俘虏飞抵好莱坞,大饱眼福了一次。

侧面说服并非是歪打正着。二十几岁的日本兵虽被灌输了不少武士道精神,但正当年少,哪个没有自己的梦想和追求?好莱坞是个梦幻的世界,吸引着成千上万世界各地年轻人的心,对于这些无视生命的日本兵来说也有着超凡的魅力。美国人正是利用了他们的这种心态,达到了说服的效果。

约翰的公司正值生意兴隆之际,忽然因一件意外的事件濒临破产。约翰回到家中,痛哭流涕,想到这20年的艰难创业即将毁于一旦,他的精神陷入极端绝望的境地。他不吃饭不睡觉,心里满是自杀的念头。妻子琼开始也和约翰一样悲痛欲绝,但她看到约翰的样子,明白该是自己拿出勇气的时候了。她一遍遍地劝慰约翰,说些"忘记这一切,从头干起"的鼓励话,但约翰好像没有听到一样,依然沉湎于绝望之中。琼看到正面的劝慰不能奏效,灵机一动,计上心来,她坐在约翰的身旁大哭了起来,一边哭一边诉说起今后生活的可怕。"你的公司破产了,我们这个家可怎么办,两个孩子的学费怎么筹集,我怎么

和孩子们去解释？他们将不能和同学一起去度假。"琼哭得那么伤心，约翰从迷茫的状态下慢慢清醒了过来。他想到自己对妻儿的责任，想到这个灾难也同样降临到了家人身上，立刻收起了悲伤，对琼说："不要难过，我们重新开始。"琼笑了，对约翰说："看来要扮演被安慰者才行。"

关键时刻，琼改变了策略，使约翰重新恢复了勇气。

我国的古人很喜欢采用一种叫"隐语"的手法来表达自己的意见。这种方法非常含蓄，给人一种优美、曲折的感觉。通常是借别的词语或手势动作做出暗示，让对方猜测。巧妙使用隐语不仅可以把话讲得生动、脱俗，而且容易引起对方的注意和兴趣。

周武王灭殷商，入商都朝歌。武王听说殷有位德高望重的长者，于是前去面见，询问殷朝灭亡的原因。

殷长者对武王说："您想知道这个答案，我们改日再谈。"约定的日期到了，可是殷长者没有前来赴约。武王感觉很奇怪。周公说："我已经知道了。此人是个君子，不愿指责自己的君王，但不能明言。至于他约而不到，言而无信，实际上暗示了殷商灭亡的原因。他是在用隐语来回答我们的问题啊。"

齐景公伐鲁，接近许城时，找到一个叫东门无泽的人。齐景公问他："鲁国的年成如何？"东门无泽回答说："背阴的地方冰凝到底，朝阳的地方冰厚五寸。"齐景公不明白，把这事告诉了晏子。晏子回答说："这是一位有知识的人，您问年成，而他以冰作答，这是合于礼的。背阴地方的冰凝到底，朝阳地方冰结五寸，这表明节气正常，节气正常意味着政治平和，政治平和就上下团结，上下团结年成自然好。您攻打一个粮食充足、上下一心的国家，恐怕会把齐国百姓弄得很疲惫，会死伤不少战士，结局恐怕不会如您的愿。请对鲁国以礼相待，平息他们对我国的怨恨，遣返他们的俘虏，来表明我们的好意吧。"齐景公说："好！"于是他决定不再伐鲁。

使用隐语需要对方有一定的领悟能力，否则也达不到预期的效果。因此，我们在对对方进行旁敲侧击的同时，必须考虑到对方的心理和立场。

成功法则

获取认同感，轻松提请求

要想让别人认同自己的话，就要时刻关心对方的需要，并且想方设法地满足对方的这种需要。只有立足于对方的需要，才能说出获得对方认同的话。

假如你丢了钱包，身无分文，需要向路人求助，很容易想象他们脸上惊讶、害怕甚至有点怀疑的表情。所以，如果要获得他人的帮助，必须得获得他人的认同。

亨廷顿曾指出，不同民族的人们常会列举对他们来说最有意义的事物来回答"我们是谁"，即用"祖先、宗教、语言、历史、价值、习俗和体制来界定自己"，并以某种象征物作为标志来表示自己的文化认同。在这里，认同不仅仅指文化和民族方面的认同，更重要的是信任感的认同。如果他人对你连起码的了解和信任都没有，又怎么会帮助你呢？

战国时，水工郑国受韩国派遣，到秦国探听情报，不料被秦国逮捕，准备处置。行刑前，郑国要求参见秦王嬴政。他身戴重镣，被带到秦廷。秦王嬴政喝问："奸细郑国，你承认有罪吗？"郑国说："是的，我的确是韩国派来的奸细。我建议您兴修水利，确实是为了消耗秦国的民力，延缓韩国被吞并的时间。然而兴修水利难道不是对秦国万分有利的事吗？"秦王嬴

· 182 ·

政想了想，觉得此言确实有理。郑国又说："现在，关中水利工程即将竣工，何不让我将它完成，以造福万民呢？"秦王嬴政沉吟半晌，终于同意了他的要求。在郑国主持下，一项伟大的水利工程郑国渠终于完成了。

秦王嬴政的残暴是闻名于世的，想在他的刀下活命都不容易，更何况得到他的支持？但由于郑国抓准了嬴政的心理，取得了他的认同，终于打动了他的心，不仅保住了性命，还得以完成了一项伟大工程。

信任是认同的基础。如何获得他人的信任和认同呢？以下几点可供借鉴：

必须注意自我修养，善于自我克制；做事必须诚恳认真，建立起良好的声誉；应该设法改正自己的缺点；要做到言出必有信，与人交易时必须诚实无欺，这是获得他人信任的最重要条件。

勤奋刻苦，脚踏实地。夸夸其谈的人给人以不安全感，说得好不如做得好。时间一长，你的浮夸将被人看穿，恐怕肯向你伸出援助之手的人也就敬而远之了。

很多人能获得成功靠的就是获得他人的信任。今天，仍然有许多人对于获得他人的信任一事、不以为然，不肯在这一方面花些心血和精力。这种人可能用不了多久就会失败。

要获得他人的信任，除了要有正直诚实的品格外，还要有良好的做事习惯。即使是一个资质颇佳的人，如果做事优柔寡断、头脑不清，缺乏敏捷的思维和果断的决策能力，那么他的信用仍然维持不住。一个人一旦失信于人，别人就再也不愿意和他交往或有贸易往来了。

人类仿佛有一种共同的心理，那就是如果别人能让我们感到高兴喜悦，即使他所求的事情与我们的心愿稍有相悖也不会介意。求人帮助时，你要学会针对别人感情的弱点，与别人产生共鸣，只有这样，你的求助才能达到预期的结果。其实某一件事情，能做的人是很多的，但有些智商水平很高的人往往做不了，原因在于他们过于相信自己的智力，而忽略了对方的感情。

　　获得他人的信任，是求人帮助时必不可少的。要想做到这一点，首先一条就是要有一种令人满意的态度，脸上带着笑容，如果别人无法从你的脸上看不到任何善意和愉悦，那么他是不会对你产生好感的。